Aktiv im Team

Liebevoll umsorgt

Inhalt

Lesen Sie, wie das Vogelheim aussehen sollte, Sie Freundschaft schließen können und die Fütterung ein Spaß wird.

Erfahren Sie, wie Sie sich am besten um die Vögel kümmern, was bei einer Krankheit und Nachwuchs zu beachten ist.

Begabte Persönlichkeit

Unter den gefiederten Heimtieren ist der Kanarienvogel wohl der bekannteste, auch wenn ihm in den letzten Jahren vor allem der Wellensittich zahlenmäßig ein wenig den Rang als beliebtester Vogel in menschlicher Obhut abgelaufen hat.

Trotzdem erfreut sich der Kanari nach wie vor großer Beliebtheit, und das vollkommen zurecht: Unser kleiner Finkenvogel lässt sich selbst von in der Tierpflege noch Ungeübten verhältnismäßig leicht versorgen und bringt uns mit seinem interessanten Verhalten, seinem munteren Wesen und nicht zuletzt mit dem Gesang des Männchens ein Stück Natur ins Haus – und das bei guter, verantwortungsvoller Pflege nicht selten ein Kanarileben von zehn oder mehr Jahren lang.

Wenn Sie diesen Umstand bedenken, bevor Sie sich auf ein Zusammenleben einlassen und die damit verbundene Verantwortung und Pflege als Freundschaftsdienst sehen, werden Sie zusammen eine tolle und aufregende Zeit erleben.

Bei liebevoller Zuwendung und viel Geduld werden die Kanarien Ihre Nähe schätzen lernen und Sie an ihrem munteren Treiben teilhaben lassen.

Neugierig, munter, verspielt, mitunter etwas schüchtern, so kann man die kleinen Freunde charakterisieren. Mit dem Gesang der Männchen zeigen uns die Kanarien, welche Wunder die Natur geschaffen hat und wie wir jeden Tag aufs Neue daran teilhaben und uns erfreuen können.

Mit einem Leckerbissen kann man oft auch zurückhaltende Gesellen aus der Reserve locken und so ihre Aufmerksamkeit gewinnen.

Gestatten Kanari

Herkunft

Kanarienvögel werden bereits seit der Eroberung der Kanarischen Inseln durch die Spanier Ende des 15. Jahrhunderts als Heimtiere gehalten. Dies bedeutet, dass sie als domestizierte Tiere inzwischen gut an das Leben in menschlicher Obhut angepasst sind – so erfolgreich, dass sie zu einem der beliebtesten Stubenvögel wurden.

Jahrhundertelang wurden Kanarienvögel in erster Linie ihres reizvollen Gesanges wegen gehalten. Durch die technischen Entwicklungen unserer Zeit können wir heute aber fast immer und überall Musik hören, und dadurch ist das Bedürfnis nach einem „lebendigen Musikanten im Käfig" etwas in den Hintergrund gedrängt worden. Die Motivation für die Haltung von Vögeln im Haus hat sich grundsätzlich geändert. Im Vordergrund steht inzwischen vor allem der Wunsch, das muntere Treiben der gefiederten Hausgenossen zu erleben und den routinierten Alltag dadurch zu bereichern.

Dieser Farbschlag ähnelt dem wilden Vorfahren von den Kanaren.

Begehrte Sänger

Eine lange Tradition der Kanarienzucht hat neben den Farb- und Gestaltkanarien eine Reihe von Rassen ausgesprochener Gesangskanarien hervorgebracht. Diese werden von Liebhabern auch heute noch einer sehr aufwändigen Schulung unterzogen. Die jungen Kanarihähne werden während der Zeit ihrer Ausbildung in engen Käfigen, den „Singbauern", ohne Sichtkontakt zu den Artgenossen gehalten. Dies spornt sie an, ihren Gesang im Wettstreit miteinander zu perfektionieren. Diese Haltungsform ist aus Tierschutzgründen aber nur für eine sehr kurze Zeitspanne während der Gesangsausbildung zulässig. Danach müssen die jungen Männchen wieder in geräumiger Unterbringung und mit Artgenossen gemeinsam gehalten werden. Oft dient

2 Monate kostenlos lesen!

r Vogelfreunde und Züchter

Lebendige Berichte und Tipps

Erfahrene Privatzüchter geben ihre Tipps zur Zucht und Haltung von Vögeln weiter.
Werfen Sie auch einen Blick auf die Tiere in den Zoos und Vogelparks und lernen Sie so die Lebensräume interessanter Vögel kennen.

Rundherum versorgt

Erleben Sie unsere Leserreisen entweder vor Ort oder in spannenden farbigen Berichten. Nehmen Sie teil an Seminaren, bei denen Ihnen Fachleute zur Seite stehen.
Wir bieten Ihnen alle wichtigen Termine: Messen, Ausstellungen und Vogelschauen auf einen Blick.

Der Gefiederte Welt-Service: Kontakte, Termine, Veranstaltungen und Bücher

- Hier können nicht gewerbliche Vogelhalter und Züchter, nach Rubriken geordnet, **kostenlos Vögel anbieten, tauschen oder suchen**.
- Einen **Anzeigengutschein** für Ihre private Kleinanzeige finden Sie in jeder Ausgabe der Gefiederten Welt.

Anforderungs-Gutschein

Fix per Fax: 0711-4507-120

Ja, ich möchte die **Gefiederte Welt** kennenlernen.

Bitte senden Sie mir 2 kostenlose aktuelle Probehefte. Wenn ich innerhalb von 14 Tagen nach Erhalt des 2. Probehefts nichts von mir hören lasse, möchte ich die **Gefiederte Welt** regelmäßig zum Jahresbezugspreis von € 72,– (davon Porto € 4,80), Ausland € 78,20 (davon Porto € 11,–); Preisstand 2005, beziehen. Kündigungsfrist: 6 Wochen zum Ende des Rechnungszeitraumes.

Name/Vorname	Straße/Nr.
PLZ/Ort	Tel.Nr. (für evtl. Rückfragen)

Bitte beachten Sie, dass Sie diese Vereinbarung innerhalb von 14 Tagen nach Erhalt des 2. kostenlosen Probeheftes widerrufen können. Sie halten die Frist ein, wenn Sie die Nachricht rechtzeitig an den Verlag Eugen Ulmer, Wollgrasweg 41, 70599 Stuttgart absenden (Poststempel). Gesetzlicher Vertreter: Matthias Ulmer, Registergericht Stuttgart, HRA 581. Bitte bestätigen Sie uns, dass Sie diesen Hinweis gelesen haben.

R. Ulmer

Roland Ulmer — Unterschrift — 58

Gefiederte Welt
Verlag Eugen Ulmer
Postfach 70 05 61
70574 Stuttgart

Hausanschrift:
Wollgrasweg 41
70599 Stuttgart
Fax: (0711) 45 07-120

Internet:
www. gefiederte-welt.de
www.ulmer.de
info@ulmer.de

Ulmer

Bitte freimachen, falls Marke zur Hand

Antwort

Gefiederte Welt
Verlag Eugen Ulmer
Postfach 70 05 61
70574 Stuttgart

ein älterer, erfahrener Sänger als Lehrer, manchmal werden auch Tonbänder als akustisches Vorbild eingesetzt. Wie fast alle Vertreter der Familie der Finken zeigen die jungen Hähne ein gutes Nachahmungstalent und übernehmen auch den „lokalen Dialekt“ ihrer Väter – ein Phänomen, das bei den Vögeln im Freiland recht häufig zu beobachten ist.

Wilde Vorfahren

Die heute noch frei lebende Wildform des Kanarienvogels ist der Kanarengirlitz, ein Finkenvogel, der mit unserem Girlitz verwandt ist und mit diesem gekreuzt werden kann. Er ist etwas zarter gebaut als der domestizierte Kanarienvogel.

▸ **Das Männchen** trägt ein graugrünes Federkleid mit gelben Zeichnungen am Kopf, während die Weibchen weniger intensiv gefärbt sind und ein schlichtes graues Tarnkleid besitzen.

▸ **Die Heimat** des Kanarengirlitz sind die Kanarischen Inseln mit ihrem gleichmäßig warmen Klima. Als Lebensraum bevorzugen sie offene, parkartige Landschaften mit Baum- und Strauchgruppen sowie locker bewachsene Hänge.

▸ **Ähnlich unseren Sperlingen** ziehen sie dort als ausgezeichnete Flieger in größeren Schwärmen umher und suchen verschiedene Wildgräser und andere Futterpflanzen. Aktivitätsphasen und Ruhepausen wechseln einander ab. Neben der Futtersuche, dem Aufpassen auf Feinde und den Ruhephasen, in denen sich die Vögel vor allem während der größten Mittagshitze in Bäumen und Sträuchern sammeln, spielt vor allem das Komfortverhalten – die Körperpflege – eine wichtige Rolle im Tagesablauf.

So kennt man den Kanari: Leuchtend gelb, fidel und neugierig.

SMART Botschaften

- **Der Gesang** fungiert bei frei lebenden Vögeln als deutliche akustische Territoriumsgrenze.
- **Daneben dient** er bei der Balz der Verständigung von Hahn und Henne und soll imponieren.
- **Einzeln gehaltene** Hähne singen im „Leerlauf“, auch wenn kein Kanariweibchen in Sicht ist.

Faszinierende Fähigkeiten

Vögel sind faszinierende geschöpfe. Scheinbar mühelos trotzen sie der Schwerkraft und fliegen in den Himmel. Sie sind perfekt an ihre Lebensumstände angepasst und besitzen spezielle „Werkzeuge“, um ihre Nahrung aufzunehmen. Auch die Sinnesleistungen wurden durch ihre Umwelt geformt.

Dünne Äste sind kein Problem, die Zehen finden einen Halt.

Sinnesleistungen

Sie ermöglichen es den Vögeln, Nahrung zu finden, schnell auf Feinde zu reagieren und sich mit ihren Artgenossen zu verständigen.

▸ **Die Augen** sind anders aufgebaut als bei Säugetieren. Bei Vögeln ist meist das untere Lid beweglich, das obere weitgehend starr. Die Augäpfel sind im Inneren nur durch eine dünne Wand getrennt. Aus diesem Grund können bei einem Unfall immer leicht beide Augen verletzt werden. Durch den seitlichen Sitz der Augen können Kanarienvögel ein weites Gesichtsfeld überblicken. Die mangelnde Beweglichkeit ihrer Augen machen die Vögel durch schnelle Kopfbewegungen wieder wett und können so 360 Grad überblicken und erkennen, was hinter ihnen passiert – dadurch sehen sie ihre Feinde frühzeitig und können fliehen. In der Dämmerung können die Kanarien Bewegungen nicht gut wahrnehmen. Schalten Sie deswegen nie das Licht aus, wenn Ihre Vögel noch nicht ihre Schlafplätze eingenommen haben, sie können sich verletzen. Gut ausgeprägt ist aber ihr Farbsehen, was wichtig bei der Nahrungsaufnahme ist.

▸ **Die Ohren** sind als kleine Öffnungen hinter den Augen unter den Federn versteckt. Das Gehör ist gut ausgeprägt und spielt bei der Kommunikation mit Artgenossen eine große Rolle. Gerade bei Kararien und ihrem differenziertem Gesang ist das sehr einleuchtend. Im Ohr befindet sich das Gleichgewichtsorgan. Ist es wegen einer Erkrankung in Mitleidenschaft gezogen, sind die Vögel nicht mehr in der Lage, sich auf der Stange zu halten oder zu fliegen.

▸ **Die Nase** besitzt nur im hinteren Teil Riechzellen. Obwohl Vögel nicht zu den Geruchsspezialisten gehören, können sie viele Düfte unterscheiden. Einige Vögel scheinen sich beim Fliegen unter anderem sogar an Gerüchen zu orientieren.

▸ **Die Geschmacksknospen** liegen am Zungengrund und mit der Zunge wird Nahrung auf ihre Eignung getestet. Auf der Zunge befinden sich auch kleine Tastkörperchen.

Auch Landen will geübt sein – am besten zielgenau am Leckerbissen.

Der Schnabel

Dank seiner Form und seiner „Konstruktion“ ist das maßgescheiderte Instrument, um den Hülsen der Körner ihre Samen zu entlocken und ein sehr gutes Beispiel dafür, wie sich die Lebensumstände eines Tieres auf seine Anatomie und somit sein Aussehen auswirken.

SMART

Ein voller Napf ist wichtig

- **Zur Aufrechterhaltung** der Körperfunktionen braucht der kleine Kanarikörper viel Energie.
- **Fliegen** und Ausgleich der Körpertemperatur sind echte „Energiefresser“.
- **Nachschub** in Form von Nahrung muss ständig bereitstehen – der Napf sollte niemals leer sein.
- **Hungert** ein solch kleiner Vogel, wird er sehr schnell schwach und krank.
- **Besonders viel** Energie brauchen Kanaris beim Brüten, Mausern, der Eiablage und Jungenaufzucht.

Das Gefieder

Es ist zuständig für die Regelung des Wärmehaushalts des Vogels. Die Schwingen ermöglichen es dem Kanari, sich in die Lüfte zu erheben und Aufwinde auszunutzen. Neben einer ausgeklügelten Anordnung der Federn braucht es dazu auch noch eine kraftvolle Muskulatur. Um Gewicht und damit Energie beim Fliegen zu sparen, sind fast alle Knochen des fragil erscheinenden – aber trotz des robusten Skeletts innen hohl.

So sind Kanarien

Anders als die Sittiche, die ebenfalls sehr beliebte Stubenvögel sind, leben die Kanarienvögel und ihre Vorfahren nicht ganzjährig in Familien zusammen und tolerieren es auch nicht, in direkter Nachbarschaft mit Artgenossen zu brüten. Die Männchen beanspruchen klar abgegrenzte Territorien für sich und vertreiben andere Hähne energisch. Mit ihrem Gesang stecken sie die Grenzen akustisch ab.

Sängerduell

Wagt sich ein anderes Männchen in ein Territorium, das bereits ein Artgenosse für sich beansprucht, beginnt ein „Sängerwettstreit“ und jeder versucht, mit seinen Liedern dem Kontrahenten so zu imponieren, dass sich dieser zurückzieht. Gelingt die „musische“ Vertreibung nicht, kommt es auch zu einer Auseinandersetzung der Streithähne, bei der der Schnabel eingesetzt wird. Gibt es genügend Ausweichmöglichkeiten, wird sich der unterlegene Vogel unterwerfen und zurückziehen, bevor es zu ernsthaften Verletzungen kommt. Problematischer könnte dieses Gezänk allerdings bei der Haltung mehrerer Hähne in einem Käfig oder einer zu kleinen Voliere werden: Der schwächere Vogel kann sich den Angriffen nicht mehr entziehen, wird von seinem Verfolger ständig gejagt und leidet unter permanentem Stress, der zu Erkrankungen und im schlimmsten Fall sogar zum Tod des unterlegenen Vogels führen kann.

Trällern für die Angebetete und zur Abgrenzung des Territoriums.

Flötentöne

Grundsätzlich steht ein Kanarienmännchen einem Artgenossen in seinem Revier erst einmal kritisch gegenüber, doch wenn es erkennt (was nicht durch äußerliche Merkmale, aber durch akustische möglich ist), dass es sich um ein Weibchen handelt, wird er zum Kavalier und begrüßt die Dame mit einschmeichelnden „Flötentönen“.

So harmonisch geht es nur bei großzügigem Platzangebot zu.

Ist die Angebetete nicht an dem Verehrer interessiert, weist sie ihn ab und wird schnell wieder das Weite suchen. Gibt es diese Rückzugsmöglichkeit nicht, endet die Werbung in ständigen Verfolgungen und wenn die Kanarienhenne den Hahn wieder zurückweist, kann es auch hier zu ersthaften Auseinandersetzungen kommen.

SMART

Wenn der Kanari sauer ist

- **Kanarienvögel** sind Schwarmvögel, die Paare bleiben aber nur zur Balz, Brut und der Aufzucht der Jungen zusammen.
- **Aggressionsverhalten** äußert sich durch das Zeigen von Stärke gegen den Unterlegenen.
- **Der Vogel** macht sich dann groß, indem er seinen Hals reckt und seine Flügel in ganzer Länge spreizt.
- **Ein wütender Kanari** kneift oft zusätzlich noch seine Augen zu schmalen Schlitzen zusammen, bevor er zum Angriff übergeht.

Lieblingsplätze

Bei der Haltung mehrerer Kanarienmännchen stellt sich selten Eintracht ein, besonders wenn zwei oder mehrere Männchen in einem Käfig zusammenleben. Auch wenn der unterlegene Vogel sich ergibt, kann es sein, dass der dominante ihm das Leben „schwer" macht und ihn bei jeder sich bietenden Gelegenheit jagt. Möglichkeiten gibt es für einen Streithahn viele, beispielsweise an der Futterstelle und auf den bevorzugten Sitzplätzen.

Kunterbunte Farbpalette

Kanarienvögel verbindet man mit der Farbe Gelb. Sie war die erste Variation – im 16. Jahrhundert von Mönchen aus wilden Girlitzen gezüchtet.

Nicht nur in Gelb

Rund hundert Jahre lang besaßen die Klöster des mittelalterlichen Spaniens das Monopol der Kanarienzucht, indem sie ausschließlich die begehrten, singenden Männchen in ganz Europa verkauften, die Weibchen allerdings zurückhielten. Es wurde damals zur Mode, einer Herzensdame ein „Zuckervögelchen" (wegen der Vorliebe ihrer wilden Verwandten für die Blütenstände des Zuckerrohres) zu schenken. Besonders beliebt waren gelbe, gescheckte Kanarienvögel. Anfang des 17. Jahrhunderts konnten die Italiener das spanische Monopol durchbrechen und die Kanarienzucht verbreitete sich sehr rasch. Bald entwickelten sich unzählige Variationen der Farbe, der Körperform und der Spezialisierung auf den Gesang. Es gibt noch grüne, rote, braune, weiße, achat- und orangefarbene, gescheckte und besonders Gezeichnete. Es gibt Züchtungen mit einer Haube, mit gelockten Federn und den ungewöhnlichsten Körperformen. Sehr früh hat sich durch gezielte Zuchtauswahl eine Unterscheidung in drei große Gruppen: Gesangs-, Gestalt- und Farbkanaris herauskristallisiert. Aufgepasst: Extreme Zuchtformen sind als „Qualzüchtungen" anzusehen und aus Tierschutzgründen abzulehnen. Durch spezielle Zuchtwahl hervorgebrachte Körperformen mit Skelettveränderungen wie Verkrümmungen der Wirbelsäule, extrem steile Winkelungen der Hintergliedmaßengelenke und besondere Federbildungen wie Locken können die Tiere beim Ausleben des angeborenen Verhaltens behindern und auf Lebenszeit belasten.

Gelb

Sie ist die klassische Farbe der beliebten Kanarien und kommt in Variationen von hell- bis leuchtend und sattgelb vor.

- Bubis: Die meist im Zoofachandel oder über Annoncen erhältlichen Vögel entsprechen nicht immer den in den Zuchtstandards vorgegebenen Farben und Rassen und werden liebevoll „Bubis" genannt.
- Farbkanarien: Neben der gelben Farbe gibt es noch viele hübsche Farbschläge, sehr beliebt sind auch die orangefarbenen und die roten Kanarienvögel.
- Liebeswerte Hausgenossen: Auch die „Harzer Roller" mit ihrem schönen Gesang gibt es in vielen hübschen Farben. Sie erfreuen Augen und Ohren.

Haubenkanari

Sie zählen zu den Gestaltkanarien (siehe Seite 14) und tragen als Merkmal eine auffällige Haube auf dem Kopf.

▸ Gestaltkanarien: Sie werden unterschieden zwischen den kleinen und großen glattbefiederten, den glattbefiederten Figurenrassen, frisierten bzw. gelockten und frisierten Figurenrassen.

▸ Haube & Co.: Habenkanaris sind z.B. der Crested, der Gloster und die Deutsche Haube. Manche Gestaltkanarien sind 18 cm groß, andere auffällig gelockt.

▸ Züchterische Aspekte: Werden zwei Haubenkanaris miteinander verpaart, können die Jungen im Ei absterben, krank oder schwach sein.

Gezeichnete Vögel

Scheckenkanaris gibt es vielen verschieden Farbkombinationen. Oft handelt es sich dabei um Mischlinge.

▸ Standardtiere: Bei Zuchtvögeln wird nach dem Standard Wert auf eine möglichst gleichmäßige Farbverteilung der Scheckung gelegt, was züchterisch aber gar nicht einfach umzusetzen ist.

▸ Echsenvogel: Ein besonders hübscher Kanari ist der Lizard. Er fällt durch seine geschuppte Zeichnung auf, die an eine Eidechse erinnert. Er zählt zu den Gestaltkanarien.

▸ Feinheiten: Die exakte Unterscheidung der feinen Details von Farbschlägen und Zeichnung ist auch für die Fachleute nicht immer einfach.

Rot mit Haube

Auch die auffälligen Gestaltkanarien werden in zahlreichen schönen Farben und Zeichnungen gezüchtet.

▸ Farbgebung: Die Gefiederfarben von Vögeln entstehen durch das Zusammenwirken von Melaninen (dunklen Farbstoffen) und der Lipochrom- oder Fettfarbe (rote und gelbe Farbanteile).

▸ Varianten: Fehlt das Melanin, bezeichnet man die Vögel als „aufgehellt". Die Kanarien sind dann beispielsweise gelb oder rot. Weißen Vögeln fehlen Melanine und Fettfarben.

▸ Melaninvögel: Ihr Melaninanteil im Gefieder soll auffällig sein. Unterschieden werden schwarze, braune, achat- und isabellfarbene Kanarien.

Partnerwahl

Entscheidend für ein glückliches Miteinander von Mensch und Kanarienvögeln ist die gründliche Überlegung, welche dieser Vögel am besten in die Lebensgemeinschaft passen.

Eifrige Sänger sind nur die männlichen Kanarienvögel.

Zwei Kanarien oder eine ganze Schar?

Kanarien sind sehr soziale Schwarmvögel mit breitem Repertoire an Lautäußerungen und sehr differenzierter Körpersprache. Sie binden sich nicht so intensiv an einen Partner wie etwa Papageienvögel. Trotzdem pflegen sie starke soziale Kontakte mit individuellen Vorlieben und Sympathien. Neueste Erkenntnisse der Verhaltensforschung rechtfertigen ihre Einzelhaltung nicht mehr. Verhaltensgerechte Haltung bedeutet, ein Pärchen, zwei Weibchen oder eine kleine Schar gemeinsam pflegen.

▸ **Ein Leben in Gesellschaft** eines oder mehrerer Artgenossen bietet dem Kanarienvogel in jedem Falle unvergleichlich mehr Anreize. Dies hält sie munter und sorgt für Abwechslung, was nicht zuletzt der beste Garant für ein vitales Verhalten und gesunde Vögel ist. In seltenen Einzelfällen verträgt sich ein Kanari nicht mit Artgenossen. Er kann fehlgeprägt sein, konnte wichtige Sozialkontakte mit Artgenossen in der sensiblen Phase seiner Jugendentwicklung nicht erleben und ist nicht in der Lage, sich mit Artgenossen zu verständigen. Nur dann ist Einzelhaltung zulässig und auch wenn Sie als Mensch die Lebensinteressen eines Kanarienvogels nie wie ein Artgenosse befriedigen können, sollten Sie sich intensiv mit ihm beschäftigen, ihm viel Abwechslung und Betätigung bieten.

Welches Alter?

Züchter geben ihre Vögel meist im Winter ab, wenn sie die Jugendmauser hinter sich haben. Die Kanarien sind dann etwa sechs Monate alt und robust genug, um der Umzug in das neue Heim gut zu überstehen. Junge Vögel fassen meist schneller Vertrauen zu ihren Menschen. Doch wenn man sich die Lebenserwartung von 10 oder manchmal auch 15 und mehr Jahren betrachtet, kann man auch gut ältere Vögel bei sich aufnehmen. Dann muss man allerdings damit rechnen, dass sie scheuer bleiben.

Bei Gruppenhaltung werden Kanarien selten sehr zutraulich.

Geschlechterfrage

Ob Sie sich bei der Auswahl Ihrer Kanarien für Männchen oder Weibchen entscheiden, hängt davon ab, ob Sie die Vögel hauptsächlich wegen ihres schönen Gesangs bei sich aufnehmen wollen. Ist das der Fall, sollten Sie sich für ein Pärchen entscheiden. Nur die Hähne sind eifrige Sänger (siehe Kasten links). Wenn Sie allerdings mehr Freude am hübschen Aussehen und dem netten Wesen Ihrer gefiederten Hausgenossen haben und der Gesang nicht so wichtig ist, können Sie auch mit zwei Weibchen viel Freude haben, die sich auch leichter in Gruppen halten lassen.

SMART

Wenn der Gesang wichtig ist

- **Kanarienmänner** können herrliche Lieder singen und Sie damit erfreuen.
- **Gesangskanarien** sind die Meistersänger innerhalb ihrer Art und lassen wohl klingende Tonfolgen hören, während die Farb- und Gestaltkanarien lauter, durchdringender und nicht so melodiös pfeifen wie ihre gut „ausgebildeten" Kollegen.
- **In der Mauser** pfeifen die Hähne nicht und auch junge Männchen beginnen erst im ersten Herbst mit ihrem Gesangsstunden.

Kanarien ein passendes Zuhause geben

Tierhaltung bedeutet vor allen Dingen immer, Verantwortung für die einem anvertrauten Geschöpfe zu übernehmen und ihnen die beste Versorgung und Betreuung zu bieten, die möglich ist.

Wer den Wunsch verspürt, ein Heimtier bei sich aufzunehmen, sollte zunächst einmal gewissenhaft überlegen, ob seine Lebensumstände die Haltung eines Tieres erlauben. Die täglichen Pflegemaßnahmen wie Füttern und Reinigen des Käfigs, auch der Umgebung des Vogelheimes und all die kleinen Tätigkeiten, die mit der Versorgung des gefiederten Hausgenossen verbunden sind, nehmen mehr Zeit in Anspruch, als man vielleicht zunächst glaubt. Freut sich sich schon ein Familienmitglied darauf, all diese Aufgaben zu übernehmen und immer gern für den kleinen Freund zu sorgen?

Traute Zweisamkeit mit dem Menschen ist nicht das typische Merkmal eines Kanaris, damit muss sich der Halter abfinden.

1 Toleranz muss sein

Auch ein so kleiner Geselle wie der Kanarienvogel stellt mitunter das Leben seiner Menschen auf den Kopf. Es muss ein Platz für den stattlichen Käfig gefunden werden, der Mensch und Tieren zusagt. Die leeren Hülsen des Körnerfutters fallen oft neben den Käfig und verschmutzen die Umgebung und beim Freiflug verlieren die Vögel Kothäufchen. Wollen Sie all das gern für zehn oder mehr Jahre auf sich nehmen?

2 Sichere Betreuung

Natürlich sollte man sich schon vor der Anschaffung eines Tieres Gedanken darüber machen, wer die Versorgung während des Urlaubes oder sonstiger Abwesenheit des Tierhalters übernimmt. Im Idealfall findet sich ein Familienmitglied, ein Bekannter oder Nachbar, der die Vögel in der Wohnung gewissenhaft versorgt, damit die Kanarien in ihrer gewohnten Umgebung bleiben können – die einfachste und für die Vögel angenehmste Version (Seite 49). Andernfalls bieten gut geführte Zoohandlungen oder Tierpensionen an, Kanarien mitsamt ihrer Behausung zur Pflege zu übernehmen, was natürlich auch vergütet werden muss.

3 Pflege im Krankheitsfall

Bei guter Pflege zeigen sich Kanarienvögel als sehr robuste Gesellen. Doch auch bei bester Haltung kann ein Vogel einmal erkranken. Dann ist nicht nur mit Kosten für die notwendige ärztliche Behandlung des kleinen Patienten zu rechnen, die möglicherweise den Kaufpreis des Tieres erheblich übersteigen, sondern unter Umständen auch mit einer intensiven Pflege und Betreuung, bis er wieder genesen ist.

Clever aussuchen

Schauen Sie sich Ihre künftigen Hausgenossen in aller Ruhe an.

Natürlich möchte man gesunde und bis zum Zeitpunkt des Kaufes einwandfrei gehaltene Tiere kaufen. Das bedeutet, nicht nur den Gesundheitszustand des Vogels genau unter die Lupe zu nehmen, sondern auch die Unterbringung der Tiere. Ein seriöser Händler oder Züchter legt großen Wert auf saubere, gepflegte und ordentlich eingerichtete Verkaufskäfige. Und er wird bestrebt sein, eine beispielhafte Tierhaltung zu zeigen, an der sich der unerfahrene Tierhalter orientieren kann.

Wo kaufen?

Die meisten Zoofachhandlungen bieten laufend Kanarienvögel an. Meist handelt es sich um überzählige junge Männchen, die von Züchtern abgegeben werden. Weibchen zu bekommen ist manchmal schon schwieriger.

▸ **Züchteradressen** bekommen Sie am besten von dem lokalen Vogelzüchterverein. Kontaktadressen finden sich auch in Fachzeitschriften. Oder man nutzt bei einer der alljährlich im Herbst stattfindenden Vogelausstellungen die Gelegenheit, direkt mit den Züchtern Kontakt aufzunehmen. Dort tauschen die Züchter Erfahrungen aus, stellen die Nachzuchten des Jahres vor und geben diese teilweise ab. Bei einem Verband organisierte Züchter beringen ihre Vögel.

▸ **Tierheime** haben ebenso gelegentlich Kanarienvögel in ihrer Obhut, die an einen guten Platz vermittelt werden sollen. Oft sind diese Vögel bereits zahm.

▸ **Über Inserate** werden häufig Kanarienvögel samt Käfig abgegeben. Fragen Sie dann nach dem Abgabegrund!

Ist der Vogel gesund?

Auf jeden Fall sollte man sich Zeit nehmen, um den oder die Vögel in aller Ruhe beobachten zu können.

▸ **Treten Sie** dazu am besten ein wenig vom Käfig zurück, damit der Kanari unbeeinflusst sein natürliches Verhalten zeigen kann.

▸ **Der gesunde Kanarienvogel** wird munter umherhüpfen und an seiner Umwelt Anteil nehmen. Auf akustische Reize wie Pfeifen oder ein ruhiges Ansprechen wird er nach eine ersten Zögern höchstwahrscheinlich ebenfalls mit Piepsen reagieren, manche lassen sich auch auf ein Zwiegespräch ein.

▸ **Ein sicheres Zeichen,** dass sich der Kanari rundherum wohl fühlt, ist es jedenfalls, wenn er sich durchstreckt, indem er Flügel und Bein einer Seite abspreizt und dabei vielleicht sogar gähnt, oder wenn er sich der Gefiederpflege hingibt und immer wieder den Schnabel an den Sitzstangen wetzt. Hat er gerade eine Ruhepause eingelegt, ist ein Bein ins Gefieder gezogen, während er auf dem anderen ruht.

Jungvögel besitzen geschmeidige, helle Hornschuppen an den Beinen.

Genau untersuchen

Wenn der Verkäufer den Vogel aus dem Käfig nimmt, können Sie den Ernährungszustand und die Haltungsbedingungen überprüfen, indem Sie vorsichtig die Brustmuskulatur abtasten. Konnte der Kanari ausreichend fliegen und ist er gut genährt, dann wölbt sich die Muskulatur beiderseits des Brustbeines ein wenig vor.

- **Die Augen** müssen klar, ohne Ausfluss, die Haut um Augenlider und Schnabelwinkel muss sauber sein. Sie darf keine Erhebungen, Verkrustungen oder auffällige Verfärbungen zeigen.
- **Das Gefieder** ist bei einem gesunden Vogel glatt und im Bereich der Kloake sauber und nicht verklebt.
- **An den Beinen** sollten die Hornschuppen glatt anliegen. Abstehende Schuppen und weiße Verkrustungen deuten auf Parasiten hin.

SMART

Am Gesang erkennen

- **Das Geschlecht** der Kanarienvögel lässt sich am Federkleid nicht unterscheiden.
- **Lediglich der Gesang** gibt Auskunft, ob es sich bei einem Kanari um ein Männchen oder ein Weibchen handelt.
- **Die Vögel** singen nicht zu jeder Jahreszeit, deswegen müssen Sie gegebenenfalls auf die Aussagen des Verkäufers vertrauen.
- **Ideal ist es,** wenn Sie den Gesang der Hähne vorher hören können, um zu prüfen, ob er Ihnen gefällt.

Aktiv im Team

Lebensraum für Entdecker

Es ist ein Irrtum zu glauben, ein kleiner Vogel brauche nur wenig Platz, das Gegenteil ist der Fall! Da Kanarien sich ihre Zeit nicht wie ein Sittich oder Papagei mit Klettern vertreiben, brauchen Sie viel Platz zum Fliegen.

Wenn Sie bedenken, dass Ihre Kanarien meist den größten Teil ihres Lebens in ihrem Käfig verbringen, wird Ihnen schnell bewusst, wie wichtig eine geeignete Unterbringung für Gesundheit und Wohlbefinden ist. Schließlich soll der Vogel seinen Käfig als Rückzugsort empfinden, wo er isst, wohin er gerne zurückkehrt, schläft und sein eigenes Revier besitzt.

Der Käfig

Wenn Sie sich für die Käfighaltung entscheiden, sollten Ihre Vögel täglich Freiflug bekommen.

▸ **Bei der Auswahl** des Käfigs sollten Sie in erster Linie darauf achten, dass dieser zweckmäßig ist. Als Grundsatz gilt: Der Käfig kann nicht zu groß sein, sollte jedoch für ein Pärchen eine Käfiglänge von 100 cm nicht unterschreiten. Besser sind rechteckige Modelle von 130 cm aufwärts.

Die Voliere

Eine echte Alternative zur Haltung im Käfig bietet die Unterbringung in einer Zimmervoliere oder im Sommer in einer Garten- oder Balkonvoliere.

▸ **Eine Voliere** lässt sich mit einfachen Mitteln als idealer Lebensraum für die Vögel einrichten. Es erübrigt sich der tägliche, beaufsichtigte Freiflug in der Wohnung, da die Kanarien nach Lust und Laune tun können, wonach ihnen zumute ist und genügend Raum zur Verfügung haben, ihren Bewegungsdrang auszuleben.

▸ **Fertige Zimmervolieren** werden im Zoofachhandel angeboten. Geschickte Bastler

Der Käfig: schön ist, was funktional ist

Ideal sind quaderförmige Modelle mit senkrechten Gittern, ohne geschwungene Formen und Rundungen.

Alle Materialien sollten leicht zu reinigen sein, gut sind verchromte oder kunststoffüberzogene Gitterstäbe. Messing hat den Nachteil, dass es unter heißem Wasser leidet und zu Rostbildung neigt.

Im Käfigboden sollte eine Kunststoffschublade angebracht sein, damit das Käfigoberteil für die Reinigung nicht abgenommen werden muss. Bei dieser Gelegenheit könnte der Vogel entwischen – eine Gefahrenquelle!

Mehrere Türen sind günstig, weil man dann in den Käfig greifen kann, ohne das Badehaus abnehmen zu müssen.

Einstreu

- **Vogelsand verursacht** Staub und verschmutzt rasch. Wenn Kanarien schmutzige Sand- und Gritkörnchen aufnehmen, können sie erkranken.
- **Nicht geeignet** ist Sandpapier! Es kann zu Fußverletzungen führen.
- **Der Boden des Käfigs** sollte mit Küchentüchern oder Packpapier ausgelegt werden, das regelmäßig ausgewechselt wird.
- **Zimmervolieren** mit Packpapier auslegen, das regelmäßig ausgewechselt wird.
- **In Gartenvolieren** eignet sich befestigter Boden, der regelmäßig abgespritzt wird. Naturboden oder Sand muss laufend von Verunreinigungen befreit (mit einem kleinen Laubrechen) und einmal jährlich komplett ausgetauscht werden, um Parasiten im Bodengrund vorzubeugen.
- **Sand und Grit** in Schüsselchen anbieten, damit die Kanarien die Steinchen aufnehmen können, die sie für die Futterzerkleinerung im Kropf brauchen.

Die Außenvoliere bietet Ihren Kanarien Sonne, Luft und Bewegung.

können eine Voliere aus Holzleisten und Maschendrahtgeflecht selber bauen und an die vorhanden Raumverhältnisse anpassen.

▸ Die Volierentüre muss so groß sein, dass ungestörtes Hantieren und die nötigen Pflegemaßnahmen problemlos möglich sind. Allerdings birgt eine zu große Türe den Nachteil, dass die aufgeregt umherflatternden Kanarienvögel unter Umständen entwischen könnten.

Die Gartenvoliere

Im Garten muss die Voliere ihren Bewohnern Schutz vor Feinden wie Mardern und Katzen sowie Witterungseinflüssen bieten. Im Sommer sollte eine Teilabdeckung oder Bewuchs für Schatten sorgen, bei der Überwinterung in der Voliere ist ein beheizter Schutzraum unerlässlich. Wichtig ist auch eine sichere Schleuse an der Tür.

Zubehör

Ob Zimmerkäfig oder Voliere, erst mit der richtigen Ausstattung wird das Heim Ihrer Kanarien komplett.

Sitzstangen

Die mit dem Käfig gelieferten Sitzstangen sind auf Dauer nur bedingt geeignet. Auf den glatten Materialien nützen sich die laufend nachwachsenden Krallen kaum ab. Das kann zu Fehlwachstum und Schäden am Nagelbett führen. Außerdem federn die Sitzstangen beim Hüpfen nicht nach, was auf lange Sicht die Entstehung von Gelenkschäden fördert. Sie sollten deshalb durch Naturäste ungespritzter Obstbäume, Birke, Linde, Hasel, Ahorn oder anderer ungiftiger Gehölzen ersetzt werden. Die Sitzäste sollten unterschiedliche Stärken aufweisen, sodass der Vogel beim Umfassen „Fußgymnastik" macht. Völlig ungeeignet sind mit Sandpapier ummantelte Sitzstangen, die zu schweren Verletzungen der Fußsohlen führen. Damit genügend Flugraum vorhanden ist, sollten die Sitzstangen am besten nur an jeder Seite des Käfigs mit ausreichendem Abstand zum Gitter sitzen, nicht direkt über einem Futter- oder Wassernapf.

Näpfe

Von außen zu bedienende Futterschüsselchen sind sehr gut geeignet. Man kann die tägliche Fütterung vornehmen, ohne in den Käfig greifen zu müssen – was den Kanari, selbst wenn er sehr vertraut ist, meist erschreckt. Und es wird verhindert, dass das Futter durch Vogelkot verunreinigt wird. Sehr gut geeignet sind Futter- und Wasserautomaten, die am Gitter befestigt werden und ebenfalls von außen bedient werden können.

Saubere Sache: *In diesem großen Spender bleibt das Futter sauber.*

Badehäuschen

Das Badehäuschen wird von fast allen Kanarien mit großer Begeisterung angenommen. Vor allem wenn direkte Sonneneinstrahlung auf die Vogelbehausung fällt, stürzt sich der Vogel voller Lebenslust ins Wasser, plantscht und spritzt sich mit den Flügeln völlig nass, nicht selten taucht er sogar mit dem Kopf unter, um schließlich aus dem Bad zu hüpfen und sich auf erhöhtem Platz der Gefiederpflege hinzugeben. Baden ist für das Wohlbefinden des Kanaris extrem wichtig. Gut geeignet sind Häuschen aus Kunststoff, die in die Käfigtür eingehängt werden.

Fußgymnastik: Dicke Naturäste beugen Erkrankungen vor.

Der richtige Standort

Im Idealfall bringt man den Käfig in Augenhöhe an. So können Sie mit Ihren Kanarienvögeln Kontakt halten, den Käfig gut überblicken und die Tiere fürchten sich nicht. Der Standort muss hell und zugfrei sein. Von mindestens einer Seite soll „Rückendeckung" geboten sein – der Käfig darf auf keinen Fall frei im Zimmer stehen! Am besten eignet sich eine helle Zimmerecke in Fensternähe, das keiner durchgehenden direkten Sonnenbestrahlung ausgesetzt ist. Als „luftige" Wesen sind Vögel besonders auf gesundes Raumklima und reine Luft angewiesen. Das bedeutet, dass die Küche mit ihren Dünsten als dauerhafter Unterbringungsort nicht geeignet ist und in den Räumen, in denen Vögel leben, natürlich auch nicht geraucht werden sollte!

SMART

Gut temperiert

- **Zimmertemperaturen** von etwa 20 °C sind ideal. Auch tiefere Temperaturen bis 10 °C schaden keineswegs, vorausgesetzt, die Temperatur fällt nicht plötzlich ab.
- **Zugluft,** Temperaturschwankungen und niedrige Luftfeuchtigkeit können Erkrankungen verursachen und bei Eier legenden Tieren zu Legenot führen.
- **Frische Luft** ist wichtig. Stellen Sie den Käfig bei passendem Wetter raus, aber ohne direkte Sonne.

Freundschaft schließen

Endlich haben Sie Ihre Kanarien ausgewählt. Nun beginnt die Zeit des Zusammenlebens.

Der Heimweg

Der frischgebackene Vogelhalter bekommt seinen Vogel in einer Pappschachtel mit nach Hause. Und das ist auch die beste Form des Transportes für den Kanari. In der dunklen Schachtel fühlt sich der durch das „Gefangen- und Angefasstwerden“ verschreckte Vogel einstweilen wieder ein wenig sicherer. Vor allem wirkt die Dunkelheit beruhigend auf ihn. An sehr heißen Sommertagen muss aber besonders darauf geachtet werden, dass es in der Schachtel nicht zu einem Hitzestau kommt, damit der kleine Vogel keinen Kreislaufkollaps erleidet. Also direkte Sonnenbestrahlung vermeiden und die Schachtel nicht in einen geschlossenen Behälter stellen, sondern dafür sorgen, dass sie gut belüftet wird – Zugluft muss aber unbedingt vermieden werden. Im Winter muss natürlich darauf geachtet werden, dass der Kanari nicht plötzlich der Kälte ausgesetzt ist. Am besten tragen Sie die Schachtel vorsichtig am Körper unter der Winterkleidung. Beim Kauf von zwei Vögeln sollte jeder in einer eigenen Pappschachtel transportiert werden.

Freiflugregeln

Der Freiflug im Zimmer (Seite 44) muss einige Wochen warten, bis die Kanarien sich eingewöhnt haben.

Das bietet den Vögeln die Gelegenheit, sich zu orientieren und die Räumlichkeiten genau einzuprägen.

In dieser Zeit können Sie durch die Gabe von Leckerbissen und freundliches Zureden das Vertrauen der Vögel gewinnen, was den Freiflug stressfreier gestaltet.

Der Umzug

Daheim angekommen, wird der Karton vorsichtig geöffnet und durch das Käfigtürchen ins Innere des bereits fertig eingerichteten Käfigs gehalten oder – noch besser – auf den Boden der neuen Behausung gestellt. Seien Sie bitte vorsichtig, der aufgeschreckte Kanari könnte durch einen Spalt huschen und entwischen!

▸ Lichtblick Dazu muss man wissen, dass der Vogel immer zum Licht hin strebt. Das ist auch der Grund, weshalb er wahrscheinlich recht bald aus dem dunklen Transportbehälter kommen wird.

▸ Geduld Lässt ein Vogel sich trotzdem einmal Zeit, dürfen Sie nicht am Karton klopfen oder ihn schütteln, um den Kanari herauszutreiben. Das würde den Vogel nur verschrecken und den für das Tier schon an sich stressigen Transport und den ersten Eindruck des neuen Heims nicht angenehmer gestalten. Warten Sie einfach ab, bis der neue Hausgenosse seinen Mut gefunden hat und den ersten Flügelschlag in sein neues Heim wagt.

Die Eingewöhnung

Zunächst muss der Kanarienvogel sich natürlich mit der völlig neuen und fremden Umgebung vertraut machen.

▸ Immer mit der Ruhe Dazu lässt man ihm auf jeden Fall ein, zwei Wochen Zeit, in denen er seinen Käfig als sicheren Ort kennen lernt, an dem alle seine wichtigen Bedürfnisse gedeckt werden.

▸ Nur das Nötigste Verrichten Sie in dieser Zeit nur die grundlegenden Arbeiten am Käfig und versuchen Sie, den Vogel nicht zu erschrecken.

▸ Behutsam sein Verhalten Sie sich in der Nähe des Käfigs möglichst immer leise und langsam. Ruhige Worte unterstreichen Ihre „friedlichen" Absichten.

Kritisch beäugt der Kanari die Kolbenhirse: „Soll ich mich trauen?"

Freundschaftsgabe

Kanarienvögel zu zähmen ist langwierig, aber eine wunderschöne Herausforderung. Am besten gelingt das bei der vorübergehenden Haltung nur eines Vogels, mehrere Tiere werden sich eher an ihren Artgenossen orientieren, bietet aber viel beim Beobachten. Wenn Sie z.B. ein Pärchen oder zwei Weibchen halten wollen, sollten Sie erst einen Vogel und etwa zwei Wochen später den nächsten holen. So können Sie sich mit jedem einzeln beschäftigen.

▸ Nachdem der Vogel sich in der neuen Umgebung eingewöhnt hat, können Sie einen Leckerbissen durch das Gitter anbieten. Nach mehr oder weniger langem Zögern kann er diesem nicht widerstehen und kommt bald näher. Ist dieser Schritt geschafft, können Sie das Leckerli auch im Käfig reichen – reden Sie dabei ruhig auf ihn ein. Hat der Vogel seine Angst verloren, wird er auf Ihre Hand hüpfen.

SMART

Geduldsprobe

- **Kinder** finden es natürlich sehr spannend, ein neues Heimtier in der Wohnung zu haben.
- **Sie wollen** sich den Piepmatz näher anschauen, das Tier in Aktion erleben und es auch bald ihren Freunden „vorführen".
- **Es ist wichtig,** dass Sie Ihren Kindern erklären, dass der Vogel vor allem in der ersten Zeit viel Ruhe braucht und es mit jedem Erschrecken länger mit der Vertrauensbildung dauern wird.

Kanarienknigge

Ein so kleiner Geselle wie der Kanari hat einem Feind nichts entgegenzusetzen. Er muss ständig auf der Hut sein, um dem Angriff eines Feindes – sei es aus der Luft oder am Boden – nicht zum Opfer zu fallen. Da bleibt nur die schnelle Flucht! Auch in der Obhut des Menschen können Kanarienvögel diesen Fluchtinstinkt nicht einfach vergessen und sind oft sehr schreckhaft, wenn man am Käfig vorbei geht, das Wasser wechselt, etc. Nehmen Sie das dann nicht „persönlich“: es liegt einfach in der Natur der Vögel.

Einen Vogel richtig fangen und halten

Manchmal kann es erforderlich sein, einen Kanari aus dem Käfig zu nehmen. Dazu nimmt man den gewünschten Vogel behutsam, aber ohne zu zögern, wenn er auf einer Stange oder auf dem Käfigboden sitzt, wobei Daumen und Zeigefinger die Brust umschließen und die übrigen Finger sanft den Körper umfassen. Der Kopf des Vogels bleibt frei und der Vogel in seiner normalen, aufrechten Körperposition. Er sollte nicht auf den Rücken gelegt werden.

Bitte draußen bleiben: Bei der Gefiederpflege wollen Kanarienvögel ungestört sein und sich mit Muße ihrem Federkleid widmen.

Haben Sie Geduld, wenn es mit dem Fangen nicht beim ersten Mal klappt – je ruhiger Sie vorgehen, desto wahrscheinlicher ist Ihr Erfolg und desto weniger Stress verursacht das Einfangen für den Kanarienvogel und den Menschen.

Stressfreies Fangen aus der Voliere

Wenn einmal ein Kanarienvogel aus der Voliere gefangen werden muss, sollte man am besten einen Fangkäfig verwenden. Dieser wird auf den Boden der Voliere gestellt und die von außen bedienbare Klapptür kann geschlossen werden, wenn der Kanari im Käfig sitzt. Mit einem Leckerbissen im Käfig geht er vielleicht schneller hinein. Solche speziellen Käfige bekommen Sie im Zoofachhandel. Das Fangen mit einem Käscher, einem Tuch oder sogar nur mit der Hand bringt Panik in die Voliere, die Vögel können sich beim aufgeregten Flug schwer verletzen und werden durch solche Aktionen eher scheuer und aufgeregter.

Rücksichtnahme ***und Geduld sind die Basis für die Freundschaft.***

Nachtruhe

Kanarienvögel brauchen einen geregelten und möglichst natürlichen Tag- und Nachtrhythmus, um gesund zu bleiben. Natürliches Licht ist auch für den reibungslosen Ablauf der Mauser wichtig (Seite 55). Bieten Sie Ihren gefiederten Mitbewohnern deswegen viel Sonnenlicht, in der warmen Jahreszeit möglichst in der frischen Luft, aber ohne direkte Sonneneinstrahlung auf den ganzen Käfig. Wird es draußen dunkel, sollte es auch im Vogelzimmer allmählich das Licht ausgehen. Alternativ kann man auch den Käfig mit einem Tuch abdunklen. Achten Sie bitte darauf, das Zimmer nicht komplett zu verdunklen, bevor die Vögel ihren Schlafast eingenommen haben. Ein an eine Zeitschaltuhr angeschlossenes Nachtlicht sorgt für eine sanfte Verdunklung.

SMART

Gesangsprogramm

- **Der schöne Gesang** ist das besondere Merkmal der Kanarienmännchen.
- **Manchmal** können die mitunter laut vorgetragenen Lieder aber auch den Schlaf rauben, besonders, wenn man gerade am Wochenende erst spät „aus den Federn" kriechen möchte.
- **Die Abdunklung,** durch ein Tuch oder heruntergelassene Rollläden, sorgt dafür, dass die Vögel morgens so lange Ruhe halten, bis Sie wieder Licht in das Vogelzimmer einlassen.

Kanarien verstehen

Bei genauer Beobachtung ihres Verhaltens erfährt man eine ganze Menge über das Befinden und den Gesundheitszustand seiner Kanaris. Deshalb sollen hier einige besonders wichtige und laufend zu beobachtende Verhaltensweisen und Ausdrucksbewegungen vorgestellt werden.

Körpersprache

Dem kleinen Freund bei seinen alltäglichen Unternehmungen zu beobachten, ist nicht nur sehr informativ, sondern macht auch eine Menge Spaß.

- **Schnabelwetzen** Häufig wird damit lediglich der Schnabel von Schmutz gereinigt. Es kann aber auch als Verlegenheits- oder Beschwichtigungsgeste einem Artgenossen gegenüber gedeutet werden.
- **Einbeinig** Das Sitzen auf einem Bein entspannt und kann als Zeichen für Wohlbefinden gedeutet werden. Bei kalter Witterung dient das abwechselnde Einziehen der Beine in das Gefieder vermutlich auch zu ihrer Warmhaltung. Vögel mit nur noch einem Bein dürfen keinen niedrigen Temperaturen ausgesetzt werden: Erfrierungen am verbliebenen Bein könnten die Folge sein.
- **Schütteln des Gefieders** Es ist nach der Gefiederpflege oder nach dem Bad zu beobachten und dient dem Ordnen des Gefieders. Häufig steht es jedoch auch für den Ausdruck von Entspannung nach einem Schrecken oder Stress, der damit „abgeschüttelt“ wird.
- **Kopf in das Gefieder stecken** Dies ist die übliche Schlafstellung und kann somit als Zeichen von Entspannung gewertet werden. Es könnte aber auch ein Krankheitsanzeichen sein – je nachdem, wann, wo und wie häufig es beim Vogel zu beobachten ist.
- **Mit dem Schnabel hacken** Das Hacken ist ein eindeutiges Zeichen für aggressives Verhalten.
- **Strecken des Körpers** Dabei liegt das Gefieder eng an und es ist eine Verhaltensweise, die bei Angst und Erschrecken beobachtet wird. Sie kann aber auch als Demutsgebärde einem Artgenossen gegenüber aufgefasst werden.
- **Strecken des Körpers** Wenn die Flügel dabei gespreizt sind, zeigt der Vogel, dass ihm sehr heiß ist und er sich durch Verringern der Dicke des wärmedämmenden Gefieders dann Kühlung verschaffen will.

Persönlichkeiten

Bei der Haltung mehrerer Kanarien in einer großen Voliere können Sie schön ihr Verhalten beobachten.

Wenn Sie sich intensiv mit Ihren gefiederten Freunden beschäftigen, werden Sie bald auch Charakter- und Verhaltensunterschiede erkennen können.

Sie können dann unterscheiden, welcher Vogel besonders selbstbewusst oder eher ein zaghafter Geselle ist.

Neugierig und keck zeigen sich sie meisten Kanarienvögel, wenn sich die erste Scheu gelegt hat und sie sich in ihrem Umfeld sicher fühlen.

SMART

Gesangstalente

- **Der Harzer Roller** ist der bekannteste Gesangskanarienvogel.
- **Er singt** in mehreren so genannten Touren, die teilweise in unterschiedlichen und abwechslungsreichen Variationen vorgetragen werden.
- **Bei der** züchterischen Bewertung spielt der vollendete Gesang eine Rolle, das Aussehen der Vogel ist eher nebensächlich.
- **Die „Ausbildung"** erfolgt meist mit Hilfe besonders begabter Vorsängervögel.

▸ **Schnäbeln** Es ist als Zeichen ausgeprägter Zuneigung zweier Kanarien zueinander zu verstehen. Häufig ist es bei Pärchen zu finden.

▸ **Gegenseitiges Putzen** Diese zärtliche Geste hat ähnliche Bedeutung wie das Schnäbeln. Die Pflege des Gefieders des Artgenossen stärkt die Bindung zueinander.

▸ **Sperren** So bezeichnet man bei den Jungvögeln das weite Öffnen des Schnabels. Der gelbe Schnabelrand und der rote Rachen dienen dabei als deutliches Signal, das die Elternvögel zum Füttern des Nachwuchses animiert.

Lautsprache

Kanarienvögel sind als begabte und melodiöse Sänger bekannt. Ihr Lautrepertoire geht aber noch über diese wunderschönen Lieder, die der Revierabgrenzung und der Balz dienen, hinaus. Daneben zeigen die Vögel auch sehr eindringende Warnrufe, wenn Gefahr droht, sich beispielsweise eine fremde Person dem Käfig nähert. Häufig zu hören ist auch der so genannte Stimmungsfühllaut, der etwa bei der Begrüßung des Menschen zum Besten gegeben wird. Auch Pärchen zwitschern sehr liebevoll miteinander.

Kanarien vergesellschaften

Kanarienvögel zu beobachten, ist ein wunderschöner Zeitvertreib und lässt einen Stress und Hektik des Alltags schnell vergessen.

Vogelfreunde

Lebt bereits ein einzelner Kanari bei Ihnen, sollten Sie ihm einen Partner zur Seite stellen.

▸ Dabei ist jedoch auch zu beachten, dass es unter Einzeltieren ausgeprägte Sympathien und Antipathien geben kann. Auf keinen Fall dürfen Sie einen zweiten Vogel einfach in den Käfig setzen und erwarten, dass die beiden vom ersten Augenblick an harmonieren! Vereinbaren Sie ein Rückgaberecht, falls die Kanarien einander partout nicht mögen. Seriöse Züchter, Zoofachgeschäfte oder Tierheime gewähren dies.

▸ Für den alteingesessenen Vogel ist ein Artgenosse ein Eindringling. Er wird mit großer Wahrscheinlichkeit erst einmal versuchen, diesen möglichst rasch zu vertreiben – selbst wenn es sich dabei um ein Weibchen handelt. Bei den beengten Verhältnissen und der fehlenden Möglichkeit auszuweichen und zu flüchten, könnte dies schlimme Folgen haben und zu tödlichen Verletzungen führen.

▸ Man muss behutsam vorgehen und den beiden Vögeln die Möglichkeit geben, sich langsam kennen zu lernen. Dies geschieht am besten, indem man den Neuankömmling in einem eigenen Käfig (für die kurze Eingewöhnungszeit kann das auch ein kleinerer Käfig sein) unterbringt, sodass die Vögel sich hören und sehen können.

Kanarien brauchen täglich viel Abwechslung.

▸ Wenn man nach einigen Tagen den Eindruck hat, dass sie keine Abwehr zeigen, sondern sogar den Kontakt zueinander suchen, kann man sie unter Beobachtung zusammen lassen.

▸ „Neutraler Boden" ist dafür genau das richtige Terrain, entweder bei einem ersten gemeinsamen Freiflug im Zimmer oder in dem großen und anders eingerichteten Käfig, den sie zukünftig zu zweit bewohnen werden.

▸ Gleiches gilt natürlich auch für eine Voliere, in der mehrere Vögel leben. In diesem Fall stellen Sie am besten den Käfig mit dem Neuankömmling etwas erhöht in die Voliere, damit dieser in Sicherheit die neue Umgebung und die anderen Vögel kennen lernen kann.

▸ Kommt es zu dauerndem Streit und Verfolgungen, muss das Zusammenführungsprogramm wieder von vorn gestartet werden.

Der rechte Vogel versucht, den Streithahn nicht zu provozieren.

Andere Vögel

In einer großen Zimmer- oder Gartenvoliere mit genügend Verstecken und Rückzugsmöglichkeiten können Kanarien auch mit Wellensittichen, Nymphensittichen und den kleinen Zebrafinken vergesellschaftet werden. Andere Vögel, wie große Papageien oder Unzertrennliche (Agapornis-Arten) sind als Volierenmitbewohner für unsere Kanarienvögel hingegen nicht geeignet.

SMART

Großes Raumangebot

- **Kanarienmänner** werden sich kaum miteinander vertragen (Seite 12).
- **Die Vergesellschaftung** von zwei oder drei Hähnen mit mehreren Weibchen ist nur in einer Voliere mit mindesten 10 qm Grundfläche möglich.
- **Unruhestifter,** die ihre Artgenossen ständig jagen und trietzen, müssen allein oder in einer anderen Voliere untergebracht werden.
- **Bei Käfighaltung** mehrerer Kanarien sollten es zwei Weibchen oder ein Pärchen sein (Seite 56).

Andere Tiere

Von den zierlichen Kanarien geht keine Gefahr für andere Heimtiere aus, vielmehr können die Piepmätze durch diese zu Schaden kommen.

- Gut erzogene Hunde verhalten sich Vögeln gegenüber oft neutral, beim Freiflug müssen aber auch diese unter Aufsicht sein.
- Katzen lassen sich kaum abbringen, die Kanarien zu jagen oder mit den Pfoten durch die Käfiggitter nach ihnen zu angeln.
- Kaninchen und Nager werden sich kaum für die kleinen Vögel interessieren.

Körner und Co.

Der Kanarengirlitz ernährt sich in seiner Heimat vorwiegend von halbreifen und reifen Fruchtständen verschiedener Wildgräser und anderer Futterpflanzen. Der kräftige und kegelförmige Schnabel des Körnerfressers zeigt dies eindeutig. Das bedeutet aber nicht, dass der Kanari ausschließlich Sämereien zu sich nimmt. Gerade Vögel mit ihrer Fähigkeit, fliegend die unterschiedlichsten Nahrungsquellen zu erobern, haben ein abwechslungreiches Nahrungsspektrum. Dem müssen wir bei unseren gefiederten Heimtieren Rechnung tragen, indem wir neben der Körnermischung eine sehr breite Palette an Futter anbieten.

Die fertige Futtermischung

Das im Handel angebotene Kanarienfutter enthält meist eine Mischung aus Nigersaat, Glanz, geschältem Hafer, Hanf, Mohn, Weizen, Salatsamen, Senegalhirse und Leinsamen. Als Basisfutter ist diese Mischung sehr gut geeignet. Manchmal ist das Futter ergänzt durch Presslinge, die mit Vitaminen angereichert sind.

Mehlwürmer sind in größerer Menge ungesund und deshalb nur gelegentlich erlaubt.

- **Je nach individueller** Vorliebe wird sich der Kanarienvogel die bevorzugten Körner aus der Mischung herauspicken und den Rest stehen lassen. Dabei wird jedes einzelne Körnchen geschickt mit dem darauf spezialiserten Schnabel geschält.
- **Das kann dazu führen,** dass die Vögel einseitig ernährt werden oder sich vielleicht nur die stark fetthaltigen Körner aussuchen und über längere Zeit an Übergewicht leiden. Deswegen sollten Sie immer nur so viel Futter geben, dass am nächsten Tag nur noch wenige Körner übrig sind. So ist der Vogel gezwungen, sich an dem kompletten Körnerangebot zu bedienen.
- **Hungern** dürfen die Vögel jedoch niemals! Der schnelle Stoffwechsel fordert ständig Nachschub. Wenn dieser ausbleibt, bauen die Kanarien schnell ab und werden schwach, was die Entstehung verschiedener Krankheiten begünstigt.
- **Achten Sie auch** aus diesem Grund unbedingt immer darauf, dass die ins Schüsselchen fallenden Spelzen (die

leeren Körnerhülsen) nicht die Sicht auf das noch vorhandene Futter nehmen und die Vögel vor der noch halb vollen Schüssel hungern – denn dies kann durchaus passieren. Aus diesem Grund sollten die Spelzen regelmäßig weggeblasen und durch frisches Futter ergänzt werden.

Kleiner Plausch am Futternapf. Hier wird Aufzuchtfutter angeboten.

Gesund verwöhnen

Leckerbissen findet man im Zoofachhandel in großer Auswahl, z.B. Kräcker, Bisquits, Glocken, Herzen oder Futterblöcke. Daran wird gerne geknabbert. Das Knabbern sorgt für zusätzliche Beschäftigung. Da diese Snacks aber sehr gehaltreich sind, sollten sie die Ausnahme bleiben. Als Bereicherung des Speisezettels eignen sich Obst und Gemüse besser. Sehr gern picken die Kanarienvögel genau wie ihre wild lebenden Verwandten die Körner direkt aus Rispen und Fruchtständen. Kolbenhirse, die in einer roten und einer gelben Variante angeboten wird, steht bei Ihren gefiederten Freunden besonders hoch im Kurs, ist gesund und sorgt zusätzlich für artgerechte Beschäftigung. Auch für kranke Vögel ist sie sehr bekömmlich und wird dann oft noch angenommen.

SMART

Auf Qualität achten

- **Körnerfutter** für ein oder zwei Kanarienvögel sollten Sie nicht in großen Packungen kaufen.
- **Durch lange Lagerung** gehen wichtige Inhaltsstoffe verloren und das Futter kann verderben oder wertlos werden.
- **Besser** sind Packungsgrößen, die Sie in einem Zeitraum von bis zu einem Vierteljahr aufbrauchen.
- **Achten Sie** beim Kauf immer auf das Haltbarkeitsdatum. Die Körner dürfen auch nicht muffig oder unangenehm riechen.

Frisch und knackig

Neben der Fütterung mit Körnermischungen gehört auch Frischfutter zur ausgewogenen Ernährung Ihrer Kanarienvögel.

Ein Büschel Unkraut

Wer seinen Kanarien eine besondere Freude machen will, bringt ihnen regelmäßig einen Strauß wilder Pflanzen mit nach Hause. Besonders beliebt sind Vogelmiere, Löwenzahn, Hirtentäschelkraut, Breitwegerich, Kreuzkraut, Huflattich, Rispengras, Gänsedistel und Vogelknöterich – alles Pflanzen, die ohne große Mühe auf Spaziergängen gesammelt werden können. Ein einfaches Pflanzenbestimmungsbuch kann dabei hilfreich sein. Wichtig ist, dass die Pflanzen abseits befahrener Straßen gesammelt werden und nicht mit Pflanzenschutzmitteln in Berührung gekommen sind, damit die Vögel keine Vergiftungen davontragen.

Wichtige und gesunde Extras

- Gemüse, Obst und Grünfutter müssen immer frisch gewaschen und frei von Spritzmitteln sein.
- Vitaminpräparate sind bei ausgewogener Ernährung überflüssig und sollten nur in der Mauser oder bei Krankheiten nach Absprache mit dem Tierarzt gegeben werden.
- Sauberes Wasser muss ständig zur Verfügung stehen!
- Kanarienvögel brauchen zusätzlich etwas tierisches Eiweiß und können mit dem im Zoofachhandel erhältlichen Ei- oder Aufzuchtfutter gefüttert werden.
- Gute Eiweißlieferanten sind hartgekochte Eier, Magerquark und gelegentlich einige Mehlwürmer.

Frischfutter

An Obst und Gemüse eignen sich vor allem in Schnitzen angebotener Apfel, in dicke Scheiben geschnittene Salatgurke oder Karotte und ab und zu ein Blatt Salat. Manche Kanarienvögel finden Freude daran, sich selber Stückchen aus der in Scheiben geschnittenen Karotte oder dem Stück Gurke herauszupicken. Außerdem können den Vögeln auch Fenchel, Rettich, Zucchini und Sojakeime, Himbeeren, Brombeeren, Johannisbeeren, Kirschen, Melone, Kiwi, Birne, Mandarine und Weintrauben angeboten werden.

▸ **Unbekömmlich** sind alle Kohlarten, Avocado, Grapefruit, Rhabarber, Pflaumen und Zitrone.

▸ **Unerlässlich** ist die Gabe von im Zoofachhandel käuflichen Sepiaschalen oder Kalksteinen, die am Gitter befestigt werden. Sie liefern den Kanarien wichtige Mineralstoffe. Beim Benagen wird außerdem der ständig nachwachsende Schnabel abgewetzt und somit dessen Fehlwachstum verhindert.

Vogelmiere ist sehr gesund und die Lieblingsspeise vieler Piepmätze.

SMART

Nur frisch geben!

- **Keimfutter** verdirbt schnell und gerade im Sommer ist die Gefahr groß, dass es rasch ansäuert.
- **Spätestens** nach drei oder vier Stunden muss es wieder aus dem Käfig entfernt werden.
- **Die Näpfe** des Keimfutters müssen danach gründlich unter heißem Wasser gereinigt werden.
- **Setzen Sie täglich** neues Keimfutter an, um Ihre Kanarienvögel immer frisch damit verwöhnen zu können.

Keimfutter

Gekeimte Sämereien stellen mit ihrem hohen Gehalt an Vitaminen nicht nur eine willkommene Ergänzung des Speiseplanes, sondern vor allem während der Mauser und der Jungenaufzucht ein ideales Zusatzfutter dar.

▸ **Man schüttet** die erforderliche Samenmenge für einen Tag in eine flache Schale. Anschließend wird so viel Wasser dazugegeben, dass die Samen knapp mit Wasser bedeckt sind und man lässt die Körner 24 Stunden an einem warmen Ort quellen. Danach werden sie in einem Sieb durchgespült und dann in einer flachen Schale ausgebreitet. Durch Abdecken mit Folie oder einem Deckel werden die Samen vor Austrocknung geschützt. Nach weiteren 24 Stunden zeigen sich die zarten Spitzen der Keimlinge. Nun wird nochmals alles im Sieb vorsichtig durchgespült. Dann werden die Keimlinge auf Küchenpapier etwas angetrocknet, bevor man sie den Vögeln anbietet. Einfacher ist die Zubereitung mit Keimautomaten aus dem Zoofachhandel.

Kleine Muntermacher

Kanarienvögel sind unternehmunslustige Gesellen. Obwohl sie nicht als so spielfreudig wie Sittiche und große Papageien gelten, haben die Piepmätze nichts gegen ein wenig Entertainment einzuwenden. Das bringt Abwechslung in den Kanarialltag, schärft die Sinne und hält auch den Körper fit.

Die wild lebenden „Kollegen“ unserer Kanarienvögel sind den ganzen Tag beschäftigt und haben keine „Freizeit“ wie unsere Gefiederten. Sie müssen Futter suchen, beschäftigen sich mit Artgenossen, müssen vor Feinden auf der Hut sein oder sich um ihren Nachwuchs kümmern. Dagegen mutet der Tagesablauf unserer Kanaris oft fast eintönig an. Aus diesem Grund müssen Sie dafür sorgen, dass Ihre Vögel möglichst viel Abwechslung erleben. Ein ganz wichtiger Punkt ist der tägliche Freiflug (Seite 44). Es gibt darüber hinaus noch viele Dinge, die Sie Ihren Vögeln zur Unterhaltung bieten können und die sich ganz einfach umsetzen lassen. Je abwechslungsreicher sich das Leben der Kanaris gestaltet, desto mehr Freude werden Sie an ihnen haben und umso mehr gibt es zu beobachten.

1 ◂ Farbenfroh Kanarien können wie fast alle Vögel sehr gut Farben unterscheiden. Durch eine bunte Gestaltung der Umgebung bieten Sie ihnen vielerlei verschiedene optische Reize. Allein über das Futter lässt sich das schon leicht realisieren. Bieten Sie an einem Tag eine rote Melone an, am nächsten Tag eine gelbe Paprika und am dritten grünen Feldsalat. Auch die Näpfe eignen sich zur farbenfrohen Dekoration des Käfigs, der Zoofachhandel bietet reichlich Auswahl.

▸ **Kletterbaum** Ob in kleiner Ausführung im großen Käfig oder stattlich beim Freiflug – ein Kletterbaum wird bald zum Lieblingsplatz Ihrer Kanarien. Dazu müssen Sie lediglich einen dicken Ast mit einem Christbaumständer fixieren und mit Kieseln und Sand auffüllen. Unterschiedlich dicke Zweige halten die Füße gesund und mit etwas Obst und Grünfutter gespickt, gibt es auch noch etwas zum Naschen. Schaukeln oder Holzringe laden zum Verweilen ein und lassen sich auch einfach im Vogelheim Platz sparend befestigen. Viele Kanarienvögel wippen darauf mit Eifer hin und her.

2

3

◂ **Futtersuche** Warum muss man das Futter immer langweilig im Napf anbieten, wenn man die Vögel damit herrlich beschäftigen kann? An Rispen und Fruchtständen von Gräsern und Getreide machen die Piepmätze sich mit großem Engagement zu schaffen. Was für uns anstrengend klingt, ist für die Vögel eine artgerechte Weise der Beschäftigung.
In das Gitter gesteckt, mit Wäscheklammern befestigt oder von der Decke hängend, vieles ist hier möglich. Achten Sie aber immer darauf, dass alle Vögel auch satt werden.

Fit mit fun

Obwohl Kanarienvögel oft scheu und vorsichtig sind, steckt in den munteren Gesellen ein neugieriger Kern. Sorgen Sie dafür, dass die kleinen Kerlchen etwas erleben, das ihren Geist wach hält und sie anregt, ihren Lebensraum jeden Tag mit neuen Augen zu sehen.

Fruchtspieße bieten den Vögeln Beschäftigung und Vitamine.

Futter einmal anders

Nahrung spielt wie bei allen Tieren eine zentrale Rolle im Leben der Kanarienvögel. Dies bietet Ihnen die Möglichkeit, für Abwechslung beim Füttern zu sorgen.

- **Spießen** Sie Äpfel, Birnen, Weintrauben, Karotten oder einfach ein Blatt Salat auf Zweige und stecken Sie die Äste in das Käfiggitter oder befestigen Sie sie mit einer Wäscheklammer oder Draht an den Sitzstangen. Richtig anstrengend wird es für die Vögel, wenn sie sich ihr Frischfutter z.B. auf einer Schaukel, einem Ring oder einer schwingenden Leiter erarbeiten müssen.
- **Binden Sie** Grünfutter und dünne Zweige zu einem Bündel zusammen und hängen Sie es an die Käfigdecke. Die Kanarien müssen akrobatisches Talent beweisen, um an die gesunden Leckerbissen zu gelangen.
- **Gleichgewicht** müssen die Kanarienvögel auch zeigen, wenn Sie Grünfutter und Obst in einer Futterhalterung anbieten, am Gitter oder noch besser der Käfigdecke befestigt wird.
- **Besondere Leckerbissen** können Sie in einer Papprolle oder einem Karton mit Öffnung verstecken. Ein Zipfel, beispielsweise von Feldsalat, sollte aber immer herausschauen. Denn in „dunkle Löcher" werden die Vögel sich vermutlich nicht trauen.
- **Stellen Sie** einen Ziegelstein auf den Boden des Käfigs und spicken Sie ihn mit verschiedenen Leckereien wie Obst, Vogelmiere, Grasrispen oder einem Stück Kolbenhirse. Das ist eine richtige Festtafel für Ihre Kanarien und dabei werden durch das Sitzen auf dem Ton die Krallen auf ganz natürliche Weise abgenutzt.
- **Umwickeln** Sie eine Karotte locker mit Bast. So haben Ihre Kanarien ein kleines „Geschenk", das sie noch auspacken müssen.
- **Die Leckerbissen,** die die Hitliste Ihrer Kanarienvögel anführen, sollten Sie so oft es möglich ist, aus der Hand anbieten. Dadurch machen Sie sich zu etwas ganz Besonderem und die kleinen Vögel haben einen zusätzlichen Anreiz, den Kontakt und die direkte Nähe zu Ihnen zu suchen.

Innendekoration des Vogelheims

Gestalten Sie das Vogelheim noch interessanter, indem Sie es möglichst naturnah einrichten und Ihren Vögeln so ein „Stück Wildnis" in den Käfig zaubern.

- Verschönern Sie die Vogelbehausung, indem Sie eine Pflanze in einem Tontopf hinein stellen. Prima eignen sich Petersilie, Katzengras und Bambus. Auch die beliebte Vogelmiere lässt sich einfach in einen Topf pflanzen. Mit Wonne werden die Vögel daran knabbern und zupfen. Wichtig ist, dass die Erde nicht gedüngt und so nicht schädlich für die Kanarienvögel ist. Stellen Sie als Sitzgelegenheiten um den Topf herum verschiedene Steine auf. Sie erleichtern das Landen, sind schöne Ruheplätze und die Vögel nutzen sich dabei ihre Krallen ab.
- Ein Blickfang für Vogel und Mensch sind Blumen im Vogelheim. Zaunwicke, Sonnenblume, Löwenzahn oder Gänsedistel sind nicht nur sehr farbenfroh, sondern laden zum Beknabbern ein.
- Gesund und spannend sind Naturzweige, die in das Käfiggitter gesteckt werden. Sehr gut eignen sich Äste von Apfel- und Birnbaum, Weide, Birke oder der Vogelbeere. Noch größer wird der Spaß, wenn Knospen, Blüten oder sogar Fruchtstände an den Zweigen sind und die Kanarienvögel dadurch noch zusätzliche, optische und schmackhafte Abwechslung erhalten.

Auch ein kleiner Futterstreit sorgt für Abwechslung im Kanarialltag.

SMART

Zimmerregen

- **Manche Kanarien** lieben es, mit einer Dusche aus einer Blumenspritze erfrischt zu werden.
- **Verwenden** Sie dazu warmes Wasser, durch das Sprühen kühlt es ab.
- **Achten Sie darauf,** dass die Vögel noch genug Zeit haben, ihr Gefieder zu trocknen – also nicht spätabends duschen.

Kanarien on tour

Um gesund zu bleiben, muss sich der Kanari natürlich ausreichend bewegen können und er braucht vor allem die Möglichkeit zu fliegen. Sobald er nach der Eingewöhnungszeit mit der Wohnung als Lebensraum vertraut ist, ist es Zeit für den ersten Freiflug.

Der tägliche Freiflug

Wenn der große Moment gekommen ist und Sie das Käfigtürchen das erste Mal öffnen, sollten Sie aus einiger Entfernung beobachten, was geschieht. Wahrscheinlich wird es geraume Zeit dauern, bis den Kanari die Neugierde übermannt und er, vorerst im Türchen sitzend, die Umgebung kritisch beäugt. Je nach Charakter wird der Vogel dann nach unterschiedlich langem Zögern seinen ersten, aufregenden Rundflug wagen.

▸ **Wahrscheinlich** wird er besonders erhöhte Landeplätze wie Vorhangstangen, Bilderrahmen, Lampen, Konsolen und hohe Möbel zu nützen wissen. Bald werden sich bevorzugte Sitzplätze herauskristallisieren. Das können Sie sich prima zunutze machen und unter diesen besonders stark frequentierten Plätzen Papier oder Zeitung zum Auffangen der herabfallenden Kleckse auslegen. Damit ersparen Sie sich eine Menge täglichen Putzaufwand.

Flugzeit

Bieten Sie während des Freiflugs Futter möglichst nur im Vogelkäfig an. Das ist ein Anreiz für den Kanari, wieder freiwillig in sein Heim zurückzukehren.

Achten Sie darauf, dass Ihr gefiederter Hausgenosse beim Freiflug nicht von giftigen Pflanzen probiert (Seite 61).

Passen Sie auf, dass Ihre kleinen Freunde nicht von Ihrem Essen stiebitzen, dass kann ihnen sehr schaden.

Gefahren beim Freiflug im Zimmer

Die täglichen Rundflüge bieten jedoch eine Reihe von Gefahren, weshalb man den Vogel dabei immer beaufsichtigen sollte.

▸ **Möbelstücke** sollten Sie im Auge behalten. Manchmal stürzen die frei fliegenden Vögel dahinter und sind dann zwischen der Wand und dem Einrichtungsgegenstand eingeklemmt.

▸ **Auch hohe Vasen** können sich als gefährliche Fallen erweisen. Meist verharrt der Vogel dann aus lauter Angst völlig stumm in seiner misslichen Lage. Wird er nicht rechtzeitig entdeckt, kann das den Tod durch Kreislaufversagen bedeuten.

▸ **Versehentlich offene Fenster** sind eine der größten Gefahren. Alljährlich fliegen Abertausende Kanarien und andere gefiederte Heimtiere in ihr Verderben. Wer meint, die entfleuchten Vögel würden gleichsam glücklich in die Freiheit schwirren, der irrt sich leider sehr – die meisten kommen dabei um! Sichern Sie die Fenster deswegen mit Fliegengitter ab.

Die Ausflüge sind das Highlight des Tages für die Kanarien.

▸ Heiße Herdplatten und dampfende Kochtöpfe sind weitere, nicht zu unterschätzende Gefahrenquellen.

▸ Kanarienvögel, die noch nicht lange bei Ihnen leben und noch Anfänger in Sachen Freiflug sind, fliegen oft gegen große Glasflächen, wie Fensterscheiben und Spiegel. Die Vögel müssen erst lernen, damit umzugehen. Das bedeutet, dass Sie bei den ersten Flugstunden die Vorhänge zuziehen und alle Glasflächen verdecken sollten, damit der Vogel sich bei einem Unfall nicht das Genick bricht.

SMART

Vorsorgen

- **Entflogene** Kanarien haben nur wenig Überlebenschancen.
- **Achten Sie** deswegen darauf, dass Türen und Fenster beim Freiflug nicht geöffnet werden.
- **Trägt Ihr Vogel** einen Fußring, können Sie ihn beim Zentralverband Zoologischer Fachbetriebe (www.zzf.de) registrieren lassen.
- **Das erhöht die Chance,** einen entflogenen Kanarienvogel wieder zurückzubekommen.

Kanarien einfangen

Kanarienvögel streben immer zum Licht, sei es natürlich oder künstlich. Dieses Verhalten kann man sich zunutze machen, wenn der Kanari einmal partout nicht in seinen Käfig zurückkehren möchte. Oft genügt es, das Zimmer zu verdunkeln und mit einer Schreibtischlampe oder einer anderen kleinen Lichtquelle das Vogelheim zu beleuchten. In den meisten Fällen wird der Ausreißer bald von ganz alleine sein Heim wieder aufsuchen – vorausgesetzt natürlich, er ist den regelmäßigen Freiflug im Zimmer gewöhnt.

Liebevoll umsorgt

Zimmerservice

Sauberkeit ist das Wichtigste bei jeder Art der Tierhaltung und für die Gesunderhaltung von größter Bedeutung. Ihre Kanarienvögel stellen in dieser Beziehung zwar keine außergewöhnlichen Ansprüche, doch das regelmäßige Säubern von Vogelheim und Einrichtung muss für jeden Kanarihalter Ehrensache sein.

Regelmäßige Pflegearbeiten

Sie müssen nicht viel Zeit aufwenden, um die nötige Hygiene im Vogelheim zu garantieren.

▸ **Täglich** sollte der herabgefallene Kot entfernt werden, um zu verhindern, dass er trocknet, zerfällt und als Pulver durch den Flügelschlag im Raum verteilt wird. Ihn einzuatmen, ist weder der Gesundheit der Kanarienvögel noch der Menschen zuträglich. Ein kleiner Maurerspachtel leistet dabei sehr gute Dienste.

▸ **Besonders wichtig** ist auch die gründliche Reinigung von Futter- und Wasserschüsselchen und des Badehäuschens. Vor allem im Sommer bilden sich in den Ecken der Wasserbehälter manchmal Algen- und Kalkablagerungen. Sie werden leicht mit Essiglösung und einer Bürste entfernt.

▸ **Einmal wöchentlich** sollte man das gesamte Vogelheim einer gründlichen Reinigung unterziehen. Am besten spült man den Käfig in der Badewanne mit heißem Wasser ab, während die Vögel im Wohnzimmer ihren Freiflug genießen. Vorsicht ist geboten, was die Verwendung von Putzmitteln betrifft, denn Reste von Reinigungsmitteln können bei Vögeln die Atemwege reizen und schlimmstenfalls zu Vergiftungen führen.

__Gewissenhaft__ wird jede Feder gesäubert und eingefettet.

▸ **Für die Voliere** gilt grundsätzlich das Gleiche – mit heißem Wasser und vielleicht einem Schuss Essig oder einem ungiftigen Desinfektionsmittel auf Chlorbasis werden Schmutzreste weggewaschen. Ritzen und Spalten als bevorzugter Rückzugsort für Parasiten, wie zum Beispiel die Rote Vogelmilbe, sollten dann besonders sorgfältig gereinigt werden.

▸ **Naturäste** sollten bei Verschmutzungen durch Kot sofort gereinigt werden. Ansonsten kann dies die Entstehung von Infektionen der Füße und Augen begünstigen. Bei Bedarf, aber mindestens einmal im Monat, sollten Sie die Zweige gegen frische austauschen. Natürlich dürfen Sie für den Käfig nur Zweige verwenden, die nicht durch den Kot frei lebender Vögel verschmutzt sind, um eine eventuelle Ansteckung zu verhindern.

Kanaris sind keine Wasservögel, lieben aber ein erfrischendes Bad.

SMART

Nur frisch ist gut

- **Entfernen** Sie jeden Abend das Frischfutter, das von der Fütterung übrig geblieben ist.
- **Gerade im Sommer** ist die Gefahr besonders groß, dass es schnell fault oder schimmelt.
- **Verdorbenes Futter** kann Krankheiten verursachen, deswegen morgens immer frisches anbieten.

Urlaubspflege

nach Möglichkeit sollten Ihre Vögel während Ihres Urlaubs in ihrem gewohnten Umfeld bleiben dürfen (Seite 19). Kümmern Sie sich schon einige Wochen vorher um eine gute Betreuung.

- **Reinigen** Sie den Käfig einen Tag vor Ihrer Abreise gründlich, damit Ihre Vertretung diese Aufgabe nicht übernehmen muss.
- **Weisen** Sie den Vogelpfleger gründlich in seine Aufgabe ein und notieren Sie ihm die wichtigsten Infos, auch Ihre Mobilfunknummer und die Nummer des Tierarztes.
- **Sorgen** Sie für ausreichend Futter und andere Verbrauchsmaterialien, damit nicht plötzlich etwas fehlt.
- **Der Freiflug** sollte während Ihrer Abwesenheit unterbleiben, damit es keinen unliebsamen Zwischenfall gibt.

Vorsorge

Der kranke Kanari

Bei guter Pflege wird ein Kanarienvogel selten erkranken, denn die kleinen Tiere sind robuster, als es den Anschein hat. Trotzdem kann es vorkommen, dass Parasiten eingeschleppt werden, der Kanari sich verletzt oder sonst eine Krankheit auftritt. Wer seine Vögel täglich genau beobachtet, sie gut kennt und um ihre Vorlieben weiß, dem wird natürlich sofort auffallen, wenn sich ihr Verhalten und ihr Aussehen verändert.

▸ **Ein kranker Vogel** wirkt matt und teilnahmslos. Statt munter umherzuhüpfen und seinen gewohnten Beschäftigungen nachzugehen, hockt er mehr liegend als aufrecht sitzend auf seinem Sitzast oder sogar am Boden und wirkt aufgeplustert.

Der Tierarztbesuch

Erkundigen Sie sich früh nach einem vogelspezialisierten Tierarzt. Halten Sie seine Telefonnummer griffbereit.

Rufen Sie im Zweifelsfall lieber einmal unnötig an und holen Sie sich Rat, als bei einer ernsthaften Erkrankung wertvolle Zeit zu verschenken.

Kündigen Sie sich immer telefonisch an, um ganz sicher zu sein, dass der Tierarzt auch Zeit für Sie hat.

Bringen Sie den Vogel möglichst in einer speziellen Transportbox oder Pappschachtel zum Tierarzt.

Achten Sie darauf, dass der Patient keinen Witterungseinflüssen wie Zugluft, Hitze oder Kälte ausgesetzt ist.

Bringen Sie möglichst auch eine Kotprobe des Vogels mit, notfalls auch die komplette Sandschublade.

Teilen Sie dem Tierarzt alle wichtigen Informationen mit. Dazu gehören Haltungsbedingungen, ob Sie noch andere Vögel haben, wie lange Sie den Vogel besitzen, wie alt er ist und was er beim Freiflug gefressen haben könnte.

Eile ist geboten

Alle Erkrankungen beim Vogel gehen aufgrund des raschen Stoffwechsels sehr schnell vonstatten. Wenn wir uns mit dem Beginn der Behandlung Zeit lassen oder erst einmal die Entwicklung abwarten, kann das häufig den Tod des kleinen Patienten bedeuten. Aus diesem Grund ist Eile geboten und es sollte möglichst bald ein Tierarzt zu Rate gezogen werden, der in der Behandlung von Vögeln Erfahrung hat. Erkundigen Sie sich deshalb rechtzeitig – und zwar bevor ein Kanari krank ist – bei einem Vogelzuchtverein, in einer Zoohandlung oder an einer Tierärztlichen Hochschule, welcher Tierarzt in Ihrer Nähe auf die Behandlung der gefiederten Freunde spezialisiert ist.

Plantschen im Wasser macht den unternehmungslustigen Kanarienvögeln viel Spaß und pflegt das Gefieder.

Parasiten

Hygiene ist die beste Möglichkeit um diesen Plagegeistern vorzubeugen.

▸ **Rote Vogelmilbe** Wenn Ihre Vögel nachts unruhig sind, weist das auf diese nachtaktiven Blutsauger hin, die sich tagsüber in Ritzen verstecken. Legen Sie nachts ein helles Tuch über den Käfig. Dunkelrote Pünktchen in den Falten an der Unterseite des Tuches am nächsten Morgen sind ein sicheres Indiz für die Rote Vogelmilbe. Wenden Sie sich dann an Ihren Tierarzt.

SMART

Verhalten deuten

- **Singt ein Kanari** plötzlich nicht mehr, sitzt er viel auf dem Boden, mag nicht mehr fliegen oder hält oft die Augen geschlossen, ist er mit Sicherheit krank.
- **Bei der Haltung** mehrerer Vögel gibt Ihnen das Verhalten der Gruppe wichtige Hinweise auf Krankheiten.
- **Wird ein Vogel** plötzlich von den Artgenossen gejagt oder schließt er sich aus dem Treiben aus, ist er vielleicht krank.

▸ **Luftsackmilben** Gibt der Kanari vornehmlich abends und nachts knacksend-piepsende Atemgeräusche von sich, besteht Verdacht auf Luftsackmilben, die umgehend medikamentös behandelt werden müssen.

▸ **Innenparasiten** verursachen oft Appetitlosigkeit, Apathie, Schläfrigkeit, Bewegungsunlust und veränderten Kot. Gewissheit bringt eine Kotuntersuchung (legen Sie dazu ein Stück sauberes Papier unter den Schlafplatz des Vogels, Kotprobe zum Tierarzt bringen). Die einzelligen, im Darm parasitierenden Kokzidien und Würmer sind im Labor leicht nachzuweisen.

Mögliche Krankheiten

Erkältungen

Zugluft und ungewohnte Temperaturschwankungen können Schweratmigkeit, Augen- und Nasenausfluss, entzündete, geschwollene Augen und Schwäche hervorrufen. Helfen kann eine Wärmetherapie. Bei Erkältungen empfiehlt es sich, den Vogel inhalieren zu lassen (Seite 54). Abhängig vom Allgemein- und Ernährungszustand, der Kondition und dem Alter kann eine Erkältung unter Umständen rasch zum Tod des Vogels führen. Im Zweifel deshalb immer schnellstens zum Tierarzt. Neben anderen therapeutischen Maßnahmen kann ein Antibiotikum nötig sein.

Häufiges Jucken und Kratzen sind Anzeichen von Parasitenbefall.

Durchfall, Polyurie

Kot von gesunden Kanaris ist ein geformtes Häufchen, das gleichzeitig mit dem weißen Harn ausgeschieden wird, in der Farbe gewöhnlich olivgrün. Eine Veränderung kann auf Krankheiten der inneren Organe hinweisen. Weicher Stuhl durch feuchtes Frischfutter braucht Sie nicht zu beunruhigen. Ist der Kot anhaltend breiig-schmierig oder flüssig durch Darmparasiten-, Bakterien-, Pilz- oder Virusinfektionen, müssen Sie zum Tierarzt. Bei der Polyurie tritt vermehrt flüssiger Harn auf, verursacht durch Nierenfunktionsstörungen, hormonelle Umstellungen oder sonstige organische Veränderungen. Hält die Polyurie an, unbedingt den Tierarzt aufsuchen.

Kropfentzündung

Kann durch Aufnahme von verschmutztem Sand auftreten oder Bakterien und Pilzinfektion verursacht werden. Notwendig ist eine Diät mit leichtverdaulichem Weichfutter. In schweren Fällen ist tierärztliche Hilfe notwendig.

Fußkrankheiten

Der Befall mit Räudemilben – so genannte Kalkbeine – ist relativ häufig. Die abstehenden Hornschuppen mit kalkigweißen Krusten an den Rändern und Juckreiz sind sichere Anzeichen. Helfen können Bäder oder Umschläge mit handwarmem Wasser oder leichter Schmierseifenlösung, damit sich die Hornschuppen langsam lösen; anschließend mit Vaseline oder Wund- und Heilsalbe eincremen. Bei starkem Befall behandelt der Tierarzt die Parasiten medikamentös.

▸ Ähnlich ist die so genannte Hyperkeratose (überschießende Bildung der Hornschuppen), vor allem bei älteren Kanarienvögeln. Ursachen dürften ungeeignete Sitzäste, evtl. auch eine ererbte Veranlagung sein.

Verschmutzte Äste können Augeninfektionen begünstigen.

Hier wird die gleiche Vorgehensweise wie bei Räudemilben empfohlen, um die Hornschuppen wieder elastisch zu machen.

SMART Ein paar Gramm zu viel

- **Zu wenig Bewegung** und zu gehaltreiches Futter können auch bei den kleinen Kanaris zu Übergewicht führen.
- **Die Vögel** atmen dann schwer, können nicht mehr flink fliegen und sind bewegungsunlustig.
- **Auf keinen Fall** dürfen Sie die Futterration kürzen!
- **Sorgen Sie** lieber für mehr Freiflug und Beschäftigung im Vogelheim.
- **Geben Sie** mehr Frischfutter und reduzieren Sie stark ölhaltige Körner, wie z.B. Rübsen und Nigersaat.

Kanarienpocken

Die gefürchtete Viruserkrankung ist an gelblich-weißen Knötchen im Bereich der federlosen Stellen (am Kopf im Bereich von Schnabelwinkeln, Augen und Unterschnabel) und an den Füßen zu erkennen, weiteres Anzeichen starke Atemnot. Kranke Kanarien müssen sofort separiert werden. Die Therapie durch den Tierarzt besteht aus Wärme, Vitamingaben und Antibiotika. Eine vorbeugende Schutzimpfung ist möglich.

Was Sie tun können

Sie können Ihren Vögeln im Falle eines Unfalls oder einer Erkrankung bereits selbst helfen, indem Sie die Zeit bis zum Tierarztbesuch mit ersten Maßnahmen überbrücken, die oft die Genesung auch schon unterstützen.

Erste Hilfe für Vögel

Wenn mehrere Vögel gehalten werden, muss der kranke Kanari von den anderen getrennt in einem gesonderten Käfig untergebracht werden. Der Krankenkäfig oder auch Quarantänekäfig wird mit einem Tuch auf drei Seiten zugedeckt, damit der geschwächte Vogel völlige Ruhe hat und garantiert sicher vor Zugluft ist.

▸ **Die Wärmebestrahlung** ist als Therapie oft sehr hilfreich. Die Wärme regt die „Lebensgeister" an und hilft dem Kanarienvogel, entzündliche Prozesse leichter zu überstehen. Es eignet sich dazu beispielsweise eine Kohlenfaden- oder Rotlichtlampe, wie sie im gut sortierten Elektrohandel zu bekommen sind. Die Wärmelampe wird so aufgestellt und eingerichtet, dass nur eine Käfighälfte bestrahlt wird. Sollte es dem Patienten zu warm werden, muss er sich in die andere Käfighälfte zurückziehen können, die vorsorglich mit einem Tuch abgedeckt wird. Eine maximale Temperatur von 35 °C im Käfig sollte keinesfalls überschritten werden, nur im Bereich des bestrahlten Sitzplatzes darf die Umgebungstemperatur geringfügig höher sein. Der nötige Abstand der Wärmelampe vom Vogel hängt von der Stärke der Wärmeabstrahlung ab. Durch regelmäßige Kontrolle mit dem Thermometer lässt sich zu große Hitzeentwicklung vermeiden!

▸ **Zum Inhalieren** wird der Käfig mit einem Tuch zugedeckt und über einen Topf mit heißem Kamillentee gestellt. Achten Sie darauf, dass die Temperatur im Käfig 35 °C nicht übersteigt.

▸ **Ausnahmen** Eine Wärmebehandlung, ob mit Infrarotlampe oder Kräuteraufguss, darf nicht bei Krämpfen, Gehirnerschütterungen und nach Unfällen angewendet werden. Denn dabei wird der Blutdruck erhöht, was das Leiden noch verschlimmern kann. Fragen Sie im Zweifel den Tierarzt!

SOS: Legenot

Das Weibchen sitzt aufgeplustert und apathisch herum und kann ein Ei nicht auspressen.

Ursachen sind zu niedrige Luftfeuchte (unter 25%) und Vitaminmangel. Ein lebensbedrohlicher Zustand – sofort zum Tierarzt!

Äußere Verletzungen

Flügel- oder Beinbrüche, Risswunden oder Kopfplatzwunden entstehen meist durch starkes Aufprallen auf ein Hindernis oder Hängenbleiben an Drähten und Ähnlichem. Brüche sind daran zu erkennen, dass der Kanarienvogel den gebrochenen Körperteil nicht benutzen

Fröhlich und fidel – *diesem aufgeweckten Kanari geht es blendend. Änderungen des Verhaltens sind erste Hinweise auf eine Erkrankung.*

kann und ihn hängen lässt. Brüche sind von einem Tierarzt zu versorgen. Blutungen, die beim Vogel in der Regel sehr heftig ausfallen, werden mit blutstillender Eisenchloridwatte (aus der Apotheke) zum Stillstand gebracht. Notfalls müssen Sie einfach die Blutung durch Druck mit dem Finger stoppen.

Die Mauser

Der alljährliche Federwechsel ist ein natürlicher Vorgang, der jedoch den Vogel belastet – aber keine Krankheit. Schließlich wird eine ganze Menge Energie verbraucht, um ein völlig neues Federkleid auszubilden. Die Mauser fällt in den Spätsommer (August/September) und dauert etwa sechs Wochen. Nach dieser Zeit sollte der Prozess abgeschlossen sein. Eine verzögerte oder dauernde Mauser ist ein Zeichen mangelhafter Ernährung und von zu wenig Bewegungsmöglichkeiten. Es ist wichtig, den Vögeln in dieser Zeit möglichst abwechslungs- und vitaminreiche Nahrung anzubieten. Auch ein natürlicher Lichtrhythmus, viel Frischluft und Sonne tragen dazu bei, dass die Mauser reibungslos verläuft.

SMART

Krallen und Schnabel

- **Nutzen** sich die Krallen nicht genug ab, werden sie zu lang und wachsen dann oft rund.
- **Der Vogel** kann leicht daran hängen bleiben und sich verletzen.
- **Regelmäßiges Kürzen** ist dann wichtig. Lassen Sie sich dies das erste Mal vom Tierarzt zeigen.
- **Übermäßiges Wachstum** des Schnabels ist selten, kann den Vogel aber an der Futteraufnahme hindern. Lassen Sie dies nur vom Tierarzt korrigieren!

Nachwuchs

Wer ein Pärchen Kanarienvögel hat, wird möglicherweise schon einmal mit dem Gedanken gespielt haben, den gefiederten Hausgenossen Nachwuchs zu gönnen.

Große Verantwortung

Man muss sich darüber im Klaren sein, dass die Zucht ein wenig Übung in der Tierpflege voraussetzt. Außerdem sollte man sich zuvor genau überlegen, was später mit den jungen Kanarienvögeln geschieht. Wenn man sie nicht selbst behalten kann, muss man sich rechtzeitig darum kümmern, wer sie übernimmt und fachkundig und verantwortungsbewusst pflegt.

Die Balz

Im Frühjahr beginnt die Balz der Kanaris. Das Männchen umwirbt das Weibchen, indem er ausdauernd singt und die auserwähle Dame zu füttern beginnt – ein erstes Einstimmen auf die Brut. Denn der Kanarimann muss das auf den Eiern sitzende Weibchen mit Futter versorgen und sich dann auch an der Aufzucht der geschlüpften Jungen beteiligen.

Der Nestbau

Durch die Balz angeregt, wird das Weibchen mit dem Nestbau beginnen. Dazu bietet man ihm ein Draht-, Kunststoff- oder auch ein geflochtenes Körbchen an, das vor ein Käfigtürchen gehängt werden kann oder im Käfig bzw. der Voliere angebracht wird. Aus Kokos- und Sisalfasern, weichem Heu und verschiedenen Pflanzenfasern, die man ihm anbietet, baut das Weibchen ein muldenförmiges Nest. Nach Fertigstellung des Nestes wird das Kanariweibchen meist in den frühen Morgenstunden das erste Ei legen, dem im Abstand von je einem Tag weitere vier bis maximal fünf Eier folgen können. Mit großer Hingabe bebrütet das Weibchen dann sein Gelege (Seite 58).

Durch liebevolles Füttern beweist sich das Kanarimännchen als Ernährer.

Das Brüten

Es versteht sich von selbst, dass man während dieser Zeit den Kanarien möglichst viel Ruhe gönnen und alle Störungen im Bereich des Vogelheimes vermeiden sollte.

▸ **Wilde Finkenvögel** beginnen erst mit dem Brüten, wenn das letzte Ei gelegt wurde, damit die Küken alle gleichzeitig schlüpfen – ein Verhalten, das im Zuge der Haustierwerdung verloren gegangen ist. Das bedeutet, dass bei unseren Vögeln das letztgeschlüpfte Junge in der Entwicklung weit hinter den anderen nachhinkt, von der Kanarihenne meist nicht optimal versorgt wird und oft an Entkräftung stirbt.

▸ **Ein Trick hilft,** dies zu verhindern: Die Eier werden nach dem Legen behutsam aus dem Nest genommen – am besten mit einem kleinen Löffel, schon ein leichter Druck zwischen Daumen und Zeigefinger kann zum Brechen der Schale führen. Aufbewahrt werden die Eier in einer weich gepolsterten, offenen und vor Hitze, Kälte und Feuchtigkeit geschützten Schachtel. In das Nest kommen als Ersatz Kunststoffeier, die Sie im Zoofachhandel bekommen. Erst wenn das letzte Ei gelegt ist, tauscht man sie wieder gegen die echten Eier ein.

▸ **Diese Attrappen** können Sie auch gut verwenden, um unerwünschten Nachwuchs zu verhindern. Warten Sie nach dem Austausch einfach ab, bis das Weibchen das Gelege aufgibt.

Das Kanariweibchen schafft seiner Familie ein gemütliches Heim.

SMART

Legenot verhindern

› **Die Luftfeuchtigkeit** muss in der Paarungszeit und bei Eiablage über 25 % liegen. Badehäuschen und Wasser zum Verdunsten auf der Heizung helfen, dies zu erreichen.

Muntere Kinderstube

Die Entwicklung der Vogelkinder geht rasend schnell und es ist faszinierend zu beobachten, welche Fortschritte die Kleinen innerhalb von wenigen Tagen machen. Nur knapp drei Wochen dauert es vom Schlupf bis zum Ausfliegen.

Solange die Jungen noch klein und etwas ungeschickt sind, sollte man das Badehäuschen besser entfernen, damit nicht eines der Jungen ein unfreiwilliges Bad nimmt – die daraus resultierende Unterkühlung kann leicht zu einer Erkältung führen. Wenn man in dieser Zeit einige Sitzstangen und Futternäpfe in Bodennähe anbringt, erleichtert man den noch etwas tolpatschigen Jungen das Fressen. Bieten Sie beim Brüten und der Aufzucht sehr hochwertige Nahrung an: viel Frisch- und Keim- sowie Aufzuchtfutter aus dem Zoofachhandel.

Der Nachwuchs kommt zwischen dem zweiten und vierten Monat in die Jugendmauser: alle Federn bis auf Schwingen und Schwanzfedern werden gewechselt. Nun sind die Jungen schon geschlechtsreif und von den Altvögeln im Aussehen nicht mehr zu unterscheiden.

1 ◂ **Liebevolle Eltern** Kanarien kümmern sich meist rührend um ihren Nachwuchs. Die Aufgaben sind dabei streng getrennt: Der Vater kümmert sich im Normalfall um die Nahrungsbeschaffung. Er füttert die Henne oder die Kleinen direkt mit vorverdauter Nahrung, die er aus dem Kropf hervorwürgt. Die Kanarienmutter ist ganz Hausfrau, wärmt (hudert) ihre Kinder und übernimmt den Hausputz. Sauberkeit ist ihr dabei sehr wichtig und sie sorgt dafür, dass kein Kotbällchen der Jungen im Nest bleibt und eine mögliche Brutstätte für Krankheiten ist.

2

Das Schlüpfen Nach 13 bis 14 Tagen schlüpfen die Kanariküken, indem sie mit dem Eizahn – einer kleinen Erhebung am Oberschnabel, die im Laufe der ersten Tage verschwindet – die Eischale von innen sprengen und sich den Weg ins Freie bahnen. Die Kanarihenne entfernt danach die leeren Eischalen aus dem Nest. Bis zum 6. Lebenstag sind die Jungen nackt, haben geschlossene Augen und sehen aus wie rührende kleine Monster.

Entwicklung Danach öffnen sich die Augen und Blutfederkiele werden sichtbar. Mit dem 12. Tag sind die Federn durchgebrochen, weitgehend entfaltet und zeigen die Farbe, die der Vogel später haben wird. Bettelrufe und Aufsperren des Schnabels mit seinen Signalfarben animieren die Eltern, ständig für Futternachschub zu sorgen.

3

4

Selbstständig Die Kleinen verlassen das Nest im Alter von 17 bis 18 Tagen. Sie vergrößern ihren Radius immer mehr und lernen so ihre Umgebung kennen. Die Elterntiere füttern die noch immer bettelnden Jungen bis zu einem Alter von etwa 30 Tagen. Von diesem Zeitpunkt an sind die Jungvögel selbstständig und gehen eigene Wege.

Infoecke

Literatur

- **Aeckerlein, W., Steinmetz, D.: Vögel richtig füttern.** Verlag Eugen Ulmer, Stuttgart 2003.
- **Quinten, D.: Ziervogelkrankheiten.** Eugen Ulmer Verlag, Stuttgart 1999.
- **Claßen, H.: Kanarien.** Verlag Eugen Ulmer, Stuttgart 2001.
- **Ao. Prof. Dr. M.E. Krautwald-Junghanns,** Vet. Med. Univ. Leipzig, Gutachten zur Auslegung von § 11B des deutschen Tierschutzgesetzes, Verbot von Qualzüchtungen, BMVEL.
- **Sonnenschmidt, R., Wagner, M: Vögel – Akupunktur, Homöopathie, Bachblütentherapie, Kinesiologie.** Verlag Eugen Ulmer, Stuttgart 1996.
- **Gefiederte Welt.** Verlag Eugen Ulmer, Stuttgart.
- **Der Vogelfreund.** Organ des DKB (siehe rechts).
- **AZ-Nachrichten.** Organ der AZ (siehe rechts).
- **Die Voliere.** Verlag M. & H. Schaper, Alfeld.

Making Of

- **Der Autor** Markus Hübl lebt seit seiner Kindheit mit Heimtieren, ist Veterinärmediziner, bekannter österreichischer Tierexperte, Tierschutzvertreter und Berater beim ORF in Sachen verhaltensgerechte Heimtierhaltung.
- **Die Fotografin** Regina Kuhn ist freischaffende Fotodesignerin und Autorin mit jahrelanger Erfahrung in der Tierfotografie.
- **Der Verlag, die Fotografin** und der Autor danken für die freundliche Unterstützung bei den Fotoaufnahmen: Martina Hurler, Stuttgart und Willi Eberling, Nesselröden.

Bildquellen

- **Regina Kuhn**
Titelfotos und alle anderen Fotos im Innenteil.

Herstellernachweis

- **Trixie Heimtierbedarf,** Tarp.

Adressen

- **AZ,** Vereinigung für Artenschutz, Vogelhaltung und Vogelzucht e.V., Postfach 11 68, 71501 Backnang, **www.azvogelzucht.de**
- **DKB,** Deutscher Kanarien- und Vogelzüchter-Bund e.V., Geschäftsstelle Dieter Wirges, Oberdorf 19, 64572 Büttelborn, **www.dkb-online.de**
- **TVT,** Tierärztliche Vereinigung für Tierschutz e.V., Geschäftsstelle: Bramscher Allee 5, 49565 Bramsche, **www.tierschutz-tvt.de**

Impressum

Bibliografische Information der Deutschen Bibliothek
Die Deutsche Bibliothek verzeichnet diese Publikation in der Deutschen Nationalbibliografie; detaillierte bibliografische Daten sind im Internet über http://dnb.ddb.de abrufbar.

Wollgrasweg 41,
70599 Stuttgart
Internet: www.ulmer.de

Lektorat: Dr. E.-M. Götz
Redaktionelle Bearbeitung: textory mediaService
Umschlag- und Innengestaltung: X-Design, München
DTP: juhu media, Susanne Dölz, Bad Vilbel
Druck und Bindung: Litotipografia-editrice Alcione, Trento
Printed in Italy
ISBN 3-8001-4487-5

Internet

- **www.kanarien.org**
- **www.tierschutz-vereine.de**
- **www.med.uni-bonn.de/giftzentrale/pflanidx.html** (Liste giftiger Pflanzen)

(Hinweis: Der Eugen Ulmer Verlag ist nicht für den Inhalt von Links verantwortlich)

Haftung

Für Ihr Heimtier tragen Sie selbst die Verantwortung. Die in diesem Buch enthaltenen Empfehlungen und Angaben sind vom Autor mit großer Sorgfalt zusammengestellt und geprüft worden. Eine Garantie für die Richtigkeit der Angaben kann aber nicht gegeben werden. Der Autor und der Verlag übernehmen keinerlei Haftung für Schäden und Unfälle.

Register

Kluge Tipps für SMART-KIDS

Extra-Kanari

Kanaris leben schon seit Jahrhundeten mit dem Menschen zusammen. Früher haben die kleinen Vögel sogar vielen Menschen das Leben gerettet.

Besonders Bergleute waren es früher, die Kanarien gezüchtet haben. Die Arbeit in den unterirdischen Stollen war anstengend und sehr gefährlich. Traten dort aus der Erde giftige Gase aus, war die Arbeit für die Bergleute sogar lebensgefährlich.

Aus diesem Grund haben sie ihre Kanarienvögel mit in die Grube genommen. Die Piepmätze spürten die Gase viel früher und wenn ein Vogel sich plötzlich aufplusterte oder gar von der Stange fiel, ergriffen die Arbeiter schnell die Flucht.